IPA-IAO

Forschung und Praxis

Band 268

Berichte aus dem
Fraunhofer-Institut für Produktionstechnik
und Automatisierung (IPA), Stuttgart,
Fraunhofer-Institut für Arbeitswirtschaft
und Organisation (IAO), Stuttgart,
Institut für Industrielle Fertigung und
Fabrikbetrieb der Universität Stuttgart und
Institut für Arbeitswissenschaft und
Technologiemanagement, Universität Stuttgart

Herausgeber: H. J. Warnecke, E. Westkämper
und H.-J. Bullinger

Springer-Verlag Berlin Heidelberg GmbH

Oliver Morlok

Die Kombination von Plasmanitrierung und plasmagestützter Schichtabscheidung aus der Gasphase (PACVD) in einem Verfahrensablauf

Mit 55 Abbildungen und 10 Tabellen

Springer

Dr.-Ing. Oliver Morlok
Fraunhofer-Institut für Produktionstechnik und Automatisierung (IPA), Stuttgart

Prof. Dr.-Ing. Dr. h. c. mult. H. J. Warnecke
o. Professor an der Universität Stuttgart
Präsident der Fraunhofer-Gesellschaft, München

Prof. Dr.-Ing. Dr. h. c. E. Westkämper
o. Professor an der Universität Stuttgart
Fraunhofer-Institut für Produktionstechnik und Automatisierung (IPA), Stuttgart

Prof. Dr.-Ing. habil. Prof. e. h. Dr. h. c. H.-J. Bullinger
o. Professor an der Universität Stuttgart
Fraunhofer-Institut für Arbeitswirtschaft und Organisation (IAO), Stuttgart

D 93

ISBN 978-3-540-64567-2 ISBN 978-3-662-06656-0 (eBook)
DOI 10.1007/978-3-662-06656-0

Gesamtherstellung: Copydruck GmbH, Heimsheim
SPIN 10681858 62/3020–5 4 3 2 1 0

Geleitwort der Herausgeber

Über den Erfolg und das Bestehen von Unternehmen in einer marktwirtschaftlichen Ordnung entscheidet letztendlich der Absatzmarkt. Das bedeutet, möglichst frühzeitig absatzmarktorientierte Anforderungen sowie deren Veränderungen zu erkennen und darauf zu reagieren.

Neue Technologien und Werkstoffe ermöglichen neue Produkte und eröffnen neue Märkte. Die neuen Produktions- und Informationstechnologien verwandeln signifikant und nachhaltig unsere industrielle Arbeitswelt. Politische und gesellschaftliche Veränderungen signalisieren und begleiten dabei einen Wertewandel, der auch in unseren Industriebetrieben deutlichen Niederschlag findet.

Die Aufgaben des Produktionsmanagements sind vielfältiger und anspruchsvoller geworden. Die Integration des europäischen Marktes, die Globalisierung vieler Industrien, die zunehmende Innovationsgeschwindigkeit, die Entwicklung zur Freizeitgesellschaft und die übergreifenden ökologischen und sozialen Probleme, zu deren Lösung die Wirtschaft ihren Beitrag leisten muß, erfordern von den Führungskräften erweiterte Perspektiven und Antworten, die über den Fokus traditionellen Produktionsmanagements deutlich hinausgehen.

Neue Formen der Arbeitsorganisation im indirekten und direkten Bereich sind heute schon feste Bestandteile innovativer Unternehmen. Die Entkopplung der Arbeitszeit von der Betriebszeit, integrierte Planungsansätze sowie der Aufbau dezentraler Strukturen sind nur einige der Konzepte, welche die aktuellen Entwicklungsrichtungen kennzeichnen. Erfreulich ist der Trend, immer mehr den Menschen in den Mittelpunkt der Arbeitsgestaltung zu stellen - die traditionell eher technokratisch akzentuierten Ansätze weichen einer stärkeren Human- und Organisationsorientierung. Qualifizierungsprogramme, Training und andere Formen der Mitarbeiterentwicklung gewinnen als Differenzierungsmerkmal und als Zukunftsinvestition in *Human Resources* an strategischer Bedeutung.

Von wissenschaftlicher Seite muß dieses Bemühen durch die Entwicklung von Methoden und Vorgehensweisen zur systematischen Analyse und Verbesserung des Systems Produktionsbetrieb einschließlich der erforderlichen Dienstleistungsfunktionen unterstützt werden. Die Ingenieure sind hier gefordert, in enger Zusammenarbeit mit anderen Disziplinen, z. B. der Informatik, der Wirtschaftswissenschaften und der Arbeitswissenschaft, Lösungen zu erarbeiten, die den veränderten Randbedingungen Rechnung tragen.

Die von den Herausgebern langjährig geleiteten Institute, das

- Institut für Industrielle Fertigung und Fabrikbetrieb der Universität Stuttgart (IFF),

- Institut für Arbeitswissenschaft und Technologiemanagement (IAT),

- Fraunhofer-Institut für Produktionstechnik und Automatisierung (IPA),

- Fraunhofer-Institut für Arbeitswirtschaft und Organisation (IAO) arbeiten in grundlegender und angewandter Forschung intensiv an den oben aufgezeigten Entwicklungen mit. Die Ausstattung der Labors und die Qualifikation der Mitarbeiter haben bereits in der Vergangenheit zu Forschungsergebnissen geführt, die für die Praxis von großem Wert waren. Zur Umsetzung gewonnener Erkenntnisse wird die Schriftenreihe „IPA-IAO - Forschung und Praxis" herausgegeben. Der vorliegende Band setzt diese Reihe fort. Eine Übersicht über bisher erschienene Titel wird am Schluß dieses Buches gegeben.

Dem Verfasser sei für die geleistete Arbeit gedankt, dem Springer-Verlag für die Aufnahme dieser Schriftenreihe in seine Angebotspalette und der Druckerei für saubere und zügige Ausführung. Möge das Buch von der Fachwelt gut aufgenommen werden.

H. J. Warnecke E. Westkämper H.-J. Bullinger

Vorwort

Die vorliegende Arbeit entstand während meiner Tätigkeit als wissenschaftlicher Mitarbeiter am Institut für Industrielle Fertigung und Fabrikbetrieb (IFF) und am Fraunhofer-Institut für Produktionstechnik und Automatisierung (IPA), Stuttgart. Zum Dank für den Rückhalt während des Entstehens der Arbeit widme ich das Buch meiner Familie. Für ihre Unterstützung und ihr Verständnis danke ich ganz besonders meiner Frau Nicola.

Mein Dank gilt Herrn Prof. Dr.-Ing. Dr. h. c. E. Westkämper für die großzügige Unterstützung und Förderung meiner Arbeit sowie Herrn Prof. Dr. rer. nat. R. Gadow für die Übernahme des Koreferates und die konstruktive Durchsicht der Arbeit.

Darüber hinaus danke ich allen Mitarbeitern des Instituts, die mich in zahlreichen Diskussionen mit Anregungen und Kritik sowie durch ihre Mitarbeit unterstützt haben. Mein besonderer Dank gilt den Herren Dr. K. Melchior, Dr. G. Kampschulte, Dipl.-Ing. (FH) T. Bolch, Dr.-Ing. D. Mann, Dipl.-Ing. P. Markschläger, Dipl.-Ing. T. Lux, Dipl.-Phys. M. Eckel, Dipl.-Ing. A. Scheibe und Dipl.-Ing. J. Stadlbauer. Des weiteren danke ich Herrn Dr.-Ing. W. Österle von der Bundesanstalt für Materialforschung und -Prüfung (BAM) in Berlin für die Durchführung der TEM- und SAD-Untersuchungen sowie Herrn Dipl.-Ing. D. Scherer vom Institut für Fertigungstechnologie keramischer Bauteile (IFKB) der Universität Stuttgart für die Durchführung der Rauheitsuntersuchungen. Ebenso danke ich Herrn Dipl.-Phys. R. Reiche vom Institut für Festkörperanalytik und Strukturforschung (IFS) des IFW Dresden für die Durchführung der WDX-Untersuchungen.

Stuttgart, März 1998 Oliver Morlok

Inhaltsverzeichnis

0 Abkürzungsverzeichnis

Größe	Einheit	Bezeichnung
A_K	cm^2	Kathodenfläche
c	m^{-3}	Konzentration in Teilchen
d_E	mm	Elektrodenabstand
d_{Kugel}	mm	Kugeldurchmesser
D	m^2s^{-1}	Diffusionskoeffizient
D_E	mm	Elektrodendurchmesser
e_0	$1{,}602 \cdot 10^{-19}$ C	elektrische Elementarladung
E_e	eV	Elektronenenergie
F_N	N	Normalkraft
F_R	N	Reibkraft
I	A	Strom
j_e	Am^{-2}	Entladungsstromdichte
k	$1{,}38 \cdot 10^{-23}$ JK^{-1}	Boltzmann-Konstante
m_0	g	mittlere Gasteilchenmasse
m_e	g	Teilchenmasse der Elektronen
m_i	g	Teilchenmasse der Ionen
m_n	g	Teilchenmasse der Neutralteilchen
M	$gmol^{-1}$	Molmasse
n	m^{-3}	Teilchendichte
n_e	m^{-3}	Elektronendichte
n_i	m^{-3}	Ionendichte
n_n	m^{-3}	Dichte der neutralen Teilchen
N	Stck	Teilchenanzahl
p	Pa	Druck
P_D	Wcm^{-2}	Leistungsdichte
P_m	W	mittlere Leistung
P_{Puls}	W	Pulsleistung
r_1	nm	gaskinetischer Stoßradius des stoßenden Gasteilchens
r_2	nm	gaskinetische Stoßradius des gestoßenen Gasteilchens

R	Ω	Ohm'scher Widerstand
s	µm	Schichtdicke
$\dot{s}$	μmh^{-1}	Schichtwachstum
t	h	Zeit
t_{poff}	s	Pulsauszeit
t_{pon}	s	Pulseinszeit
T	K	Temperatur des Gases
T_e	eV	Temperatur der Elektronen
T_i	eV	Temperatur der Ionen
T_n	eV	Temperatur der Neutralteilchen
T_s	°C	Schmelztemperatur
U	V	Spannung
U_e	V	Entladungsspannung
U_b	V	Durchbruchspannung
v	ms^{-1}	Geschwindigkeit
V	m^3	Volumen
W	eV	Teilchenenergie

α_i		Ionisierungsgrad
α_{th}	K^{-1}	thermische Ausdehnungskoeffizient
ε_0	$8{,}854 \cdot 10^{-12}\ Fm^{-1}$	elektrische Feldkonstante
λ	m	mittlere freie Weglänge
λ_D	m	Debye-Länge
μ		Reibkoeffizient
ρ	kgm^{-3}	Massedichte des Gases
ρ_{el}	µΩcm	Massedichte des Gases
ν	s^{-1}	Frequenz
ν_A	$m^{-2}s^{-1}$	Flächenstoßrate der Gasteilchen
ν_V	$m^{-3}s^{-1}$	Volumenstoßrate der Gasteilchen
$\overline{\upsilon}$	ms^{-1}	mittlere thermische Geschwindigkeit

CVD	Chemical Vapor Deposition
HV	Härte ermittelt nach Vickers
Nht	Nitrierhärtetiefe
PACVD	Plasma Assisted Chemical Vapor Deposition
PFPE	Perfluorierter Polyether
PPS-GF40	Polyphenylensulfid (40%-glasfaserverstärkt)
PVC-C	Polivenylchlorid (chloriert)
PVD	Physical Vapor Deposition

1 Einleitung

Die Oberfläche eines Körpers stellt die Grenzfläche zu seiner Umgebung dar und die Gebrauchseigenschaften eines Bauelementes werden wesentlich von den Eigenschaften der Festkörperoberfläche bestimmt. Die Oberfläche in der Weise zu verändern, daß die für den entsprechenden Anwendungsfall geforderten Gebrauchseigenschaften erreicht werden, ist Aufgabe der Oberflächen- und Schichttechnologie.

Wirtschaftliche Betrachtungen führen dazu, Bauteile eines bestimmten Werkstoffs mit vorgegebener Gebrauchsdauer durch beschichtete Bauteile zu ersetzen. Durch die gezielte Veränderung der Oberflächeneigenschaften lassen sich hohe Anforderungen an die Funktionalität unter Verwendung kostengünstiger Substratmaterialien erfüllen. Dem Grundwerkstoff kommt dabei vorwiegend die Rolle der Formgebung sowie der Strukturmechanik zu. Wesentliche Aufgaben eines Bauteils lassen sich durch funktionelle Beschichtungen erfüllen.

Im Bereich von Verschleißschutzschichten zählt der Maschinenbau zu den bedeutendsten Anwendern von Oberflächen- und Schichttechnologien. Diffusions- und Hartstoffschichten werden auf Stähle aufgebracht, die zur spanenden und spanlosen Formgebung eingesetzt werden. Durch die Veränderung der Oberfläche werden werkzeugspezifische Merkmale, wie die Schneidhaltigkeit und die Verschleißbeständigkeit erhöht, aber auch werkstoffspezifische Merkmale, wie die Korrosionsbeständigkeit, die Zähigkeit und die Härte verbessern sich.

Bei den Oberflächenbehandlungsverfahren lassen sich verfahrenstechnisch die Methoden zur Modifizierung der Randzone von Substraten von den Methoden zum Auftragen von Schichten unterscheiden. Zur ersten Gruppe zählen die thermochemischen Diffusionsverfahren. Durch die Eindiffusion von Stickstoff und Kohlenstoff in die Randschicht metallischer Werkstücke werden deren Eigenschaften wie der Verschleiß- und Korrosionswiderstand sowie die Dauerfestigkeit verbessert. Zur zweiten Gruppe zählen insbesondere die Verfahren der in der Gasphase arbeitenden Beschichtungsverfahren wie Chemical Vapor Deposition (CVD)- und Physical Vapor Deposition (PVD)-Verfahren /Gab/. Diese haben insbesondere auf dem Gebiet der Hartstoffbeschichtung große Bedeutung erlangt. Die Funktionen dieser Schichten liegen in der Verbesserung der Gleiteigenschaften durch Verminderung des Reibwiderstands, sowie in der Verminderung von Verschleiß und Kaltaufschweißungen /Old1/.

Die Weiterentwicklung dieser Technologie führte zu den plasmaunterstützten Oberflächenbehandlungsverfahren. Durch die Plasmawärmebehandlung in stickstoffhaltigen Gasgemischen können eine Vielzahl verschiedener Nitrierschichttypen hergestellt werden. Diese Schichten lassen sich den jeweiligen Erfordernissen anpassen. Die mittels Plasmaunterstützung abgeschiedenen Hartstoffschichten sind hinsichtlich ihrer Schichteigenschaften wie Haftung, chemischer und mechanischer Stabilität solchen Schichten deutlich überlegen, die aus der reinen Gasphase abgeschieden werden. Die Abscheidetemperatur kann dadurch in vielen Fällen abgesenkt werden /Hit/.

Das Ziel dieser Arbeit ist die Kombination von plasmaunterstütztem Nitrieren und Plasma Assisted Chemical Vapor Deposition (PACVD) in einem Verfahrensablauf. Von dieser Kombinationsbehandlung wird gegenüber der reinen Beschichtung erwartet, daß eine Diffusion von Stickstoff in das Substratmaterial hinein für einen stetigen Übergang der Härte vom Kernwerkstoff zur Beschichtung sorgt, so daß damit eine Stützwirkung für die nachfolgend abgeschiedene Hartstoffschicht erzielt wird.

Durch den Einsatz plasmagestützter Verfahrenstechniken können die zu erzeugenden Schichtsysteme bei Temperaturen im Bereich von 500°C hergestellt werden. Dies ist deshalb von Bedeutung, weil eine Behandlung gehärteter Stähle über deren Anlaßtemperatur (ca. 550°C) zu einer Entfestigung führt und daher eine nachfolgende Wärmebehandlung erforderlich macht. Für die Beschichtungsversuche sollen Probenkörper aus gehärteten Kalt- und Warmarbeitsstählen verwendet werden.

Zur Optimierung der Schichtsysteme bezüglich ihrer Härte, Haftfestigkeit und tribologischen Eigenschaften erfolgt eine mechanische Charakterisierung. Diese wird durch die Analyse der chemischen Zusammensetzungen der Schichten ergänzt. Anwendungstechnische Beispiele aus dem Bereich der Warmumformung von Stahlbauteilen und der Extrusion von Kunststoffen mit hohem Anteil an abrasiven Stoffen sollen aufzeigen, welche Möglichkeiten die aus der Kombination von Nitrier- und Hartstoffschichten entstehenden Schichtsysteme bieten.

2 Stand der Technik

Die plasmaunterstützten Nitrier- und PACVD-Verfahren sind in der Gliederung der Fertigungsverfahren dem Beschichten zugeordnet. Das Beschichten stellt eine der Hauptgruppen der Fertigungstechnik dar. Da die plasmagestützten Verfahren zur Bildung von harten Schutzschichten vornehmlich im Vakuum ablaufen, werden sie auch als Vakuumbeschichtungsverfahren bezeichnet.

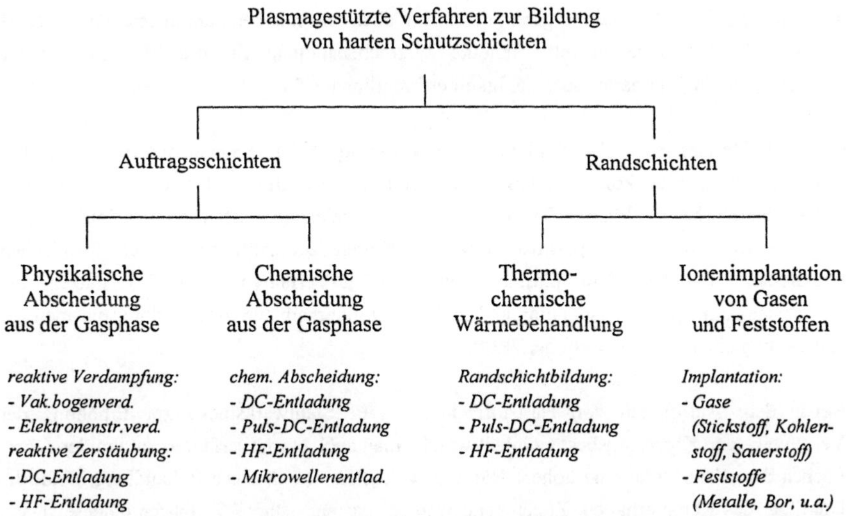

Bild 2.1: Einteilung der plasmagestützten Verfahren zur Bildung harter Schutzschichten /Rot/

Für die Herstellung von Auftragschichten lassen sich die Verfahren der physikalischen Abscheidung aus der Gasphase (PVD) und die Verfahren der chemischen Abscheidung aus der Gasphase (CVD) unterscheiden. Randschichten werden mit plasmagestützten thermochemischen Wärmebehandlungsmethoden und den Verfahren der Ionenimplanatation hergestellt (Bild 2.1). Während bei den Verfahren zur Bildung von Randschichten ein Gradient der aufgebrachten Stoffe von außen nach innen besteht und das Grundmaterial einen wesentlichen Anteil der Schicht darstellt, ist die Auftragsschicht nicht notwendigerweise mit dem Material der Unterlage angereichert /Lux1/.

Bei den PVD-Verfahren liegen die als Beschichtungsmaterial eingesetzten Werkstoffe in fester Form vor. Durch die physikalischen Prozesse „Verdampfen" oder „Zerstäuben" wird das Metall in die Gasphase überführt. Die aus der Quelle gelösten Metallatome und -ionen reagieren an der Werkstoffoberfläche mit dem in die Reaktionskammer eingeleiteten Reaktivgas zu einer Hartstoffschicht.

Bei der chemischen Abscheidung aus der Gasphase erfolgt eine Schichtbildung durch chemische Reaktionen der gasförmigen Ausgangssubstanzen an erhitzten Oberflächen. Für die Abscheidung der als Hartstoffschichten geeigneten Metallnitride, -carbide und -oxide sind Oberflächentemperaturen von 700°C bis 1200°C notwendig. Daher beschränkt sich die Anwendung des CVD-Verfahrens auf Substrate mit einer ausreichenden Temperaturbeständigkeit. Eine Behandlung gehärteter Stähle über der Anlaßtemperatur (ca. 550°C) führt zu einer Entfestigung, die eine erneute Wärmebehandlung für die Einstellung einer hinreichenden Substrathärte- oder Zähigkeit erforderlich macht.

Um CVD-Verfahren zur Beschichtung von Werkzeugstählen ohne erforderliche Nachbehandlung einsetzen zu können, müssen die chemischen Reaktionen derart aktiviert werden, daß sie bereits bei niedrigeren Temperaturen mit hinreichender Effektivität ablaufen. Eine breite Anwendung haben plasmagestützte Verfahren zur Aktivierung der chemischen Reaktionen gefunden. Die plasmagestützten CVD-Verfahren (PACVD) nutzen die energetische Anregung, Dissoziation und Ionisierung innerhalb der Gasentladungsplasmen zur Aktivierung chemischer Reaktionen /Rot/.

Neben dem Aufbringen von Hartstoffschichten auf Stahlwerkstücke zur Erhöhung der Verschleiß- und Korrosionsbeständigkeit wendet man auch Nitrierverfahren an, um den Oberflächen der Werkstücke eine höhere Härte zu verleihen. Durch diese Behandlung bleibt die Duktilität des Kerns erhalten. Zunehmend werden plasmagestützte Verfahren eingesetzt, um Behandlungszeiten zu verkürzen und die thermische Belastung der Substrate zu verringern. So hat sich das Nitrieren von Bauteilen in einer stromstarken Glimmentladung zur Erhöhung des Verschleißwiderstandes, der Korrosionsbeständigkeit und der Schwingfestigkeit von Werkzeugstählen bewährt /Lam1/.

2.1 Nitrieren

Das Nitrieren wird zur Verbesserung der Verschleiß- und Korrosionsbeständigkeit von Bauteilen industriell eingesetzt. Nitrierverfahren werden unter dem Oberbegriff „thermochemische Wärmebehandlung" eingeordnet und können grundsätzlich an allen Stählen vorgenommen werden. Bei der thermochemischen Behandlung diffundieren metallische oder nichtmetallische Elemente in die Werkzeugoberfläche ein und erzeugen dadurch im allgemeinen einen mehrschichtigen Aufbau der Randschicht. Beim Nitrieren geschieht dies durch Anreichern der Oberflächenschicht mit Stickstoff, beim Carburieren durch Anreichern mit Kohlenstoff und beim Nitrocarburieren werden Stickstoff und Kohlenstoff eingelagert. Die Stoffaufnahme kann aus gasförmigen, flüssigen und festen Medien erfolgen /Ste/.

Pulvernitrieren

Beim Pulvernitrieren werden die Teile in einem Pulver aus Calciumcyanamid (Kalkstickstoff) und einem Aktivator bei 500°C bis 590°C geglüht. Bei der Behandlung in Pulvern wird nicht nur Stickstoff, sondern auch Kohlenstoff, Sauerstoff und Wasserstoff frei, deshalb ist im allgemeinen nur ein Nitrocarburieren möglich. Mit Hilfe des Aktivators kann die Nitrocarburierwirkung des Pulvers beeinflußt werden. Zum Beispiel reagiert Tonerde durch langsame Abgabe von Wasser mit Calciumcyanamid zu Ammoniak und Kohlendioxid, das in nitrierfähigen Stickstoff, Wasserstoff und Kohlenstoff zerfällt /Old2/.

$$CaCN_2 + 3\,H_2O \rightarrow CaO + CO_2 + 2\,NH_3 \tag{2.1}$$

$$CO_2 + C \rightarrow 2\,CO;\; 2\,NH_3 \rightarrow 2\,N + 3\,H_2 \tag{2.2}$$

$$CO_2 + H_2 \rightarrow CO + H_2O \tag{2.3}$$

In einem weiterentwickelten Verfahren wird poröses Trägergranulat (Holzkohle), das mit einem Stickstoffspender getränkt ist, verwendet. Vorzugsweise werden hierfür wasserlösliche Verbindungen, die beim Erwärmen Polymerisate von Cyaniden bilden, eingesetzt /Kis/.

Salzbadnitrieren

Das Salzbadnitrieren, bei dem Teile in einer Salzschmelze aus Cyaniden und Cyanaten in Titantiegeln bei 570°C behandelt werden, ergibt sich die Nitrocarburierwirkung durch die Aufspaltung von Cyanat (CNO^-). Dabei wird Stickstoff sowie über Kohlenoxid (CO) als auch Kohlenstoff und Sauerstoff frei, der vom Stahl aufgenommen wird. Als Zerfallsprodukt entsteht Carbonat (CNO). Dieses wird durch Zugabe eines Regenerators (C-H-N-Polymerisat) in das Behandlungsbad wieder zu aktivem Cyanat zurückgebildet.

$$2\,CNO^- + O_2 \rightarrow CO_3^{2-} + CO + 2\,N \tag{2.4}$$

$$3\,CNO^- \rightarrow CO_3^{2-} + N + 2\,CN^- \tag{2.5}$$

$$2\,CN^- + O_2 \rightarrow 2\,CNO \tag{2.6}$$

Da der zu behandelnden Stahloberfläche durch die Reaktionen im Salzbad ein geringer Anteil an entstehendem Cyanid anhaftet, schließt sich der Nitrierbehandlung eine Oxidationsbehandlung an. Dabei reagiert der cyanid- und cyanathaltige Salzfilm unter

Bildung des ungiftigen Carbonats zu einem circa 1 μm dicken fest haftenden blauschwarzem Oxidfilm. Dieser verbessert die Korrosionsbeständigkeit und verbessert aufgrund der erhöhten Benetzbarkeit mit Ölen bzw. Schmiermitteln in Mikroporen die Reibeigenschaften /Eys/.

Gasnitrieren

Beim Gasnitrieren glüht man die zu behandelnden Teile in einer stickstoffspendenden Ofenatmosphäre bei 500°C. Es erfolgt eine Reaktion neutraler ungeladener Gasmoleküle mit der metallischen Oberfläche. Neben reinem Stickstoff N_2 als Nitriergas, werden je nach Stahlsorte auch Stickstoff-Wasserstoff-Gemische bzw. Stickstoff-Wasserstoff-Verbindungen wie NH_3 (Ammoniak) verwendet.

$$2\,NH_3 \rightarrow 3\,H_2 + 2\,N \qquad (2.7)$$

Das Nitrierergebnis wird dabei wesentlich durch das Verhalten des Ammoniaks bestimmt. Zur Kennzeichnung dieses Verhaltens wird häufig der Zersetzungsgrad des Ammoniaks angegeben. Dieser läßt sich unter Berücksichtigung der Volumenexpansion durch Messung des NH_3-Gehalts in der Nitrieratmosphäre ermitteln /Hof1/.

2.1.1 Plasmanitrieren

Das Plasmanitrieren ist auf Patente aus den 30er Jahren von B. Berghaus zurückzuführen und ist in heutiger Zeit auch als das Ionitrieren bekannt /Rem/. Beim Plasmanitrieren werden die zu behandelnden Werkstücke in einem Vakuumbehälter gegenüber der Kammer elektrisch isoliert eingebracht. Bei einem Gasdruck von üblicherweise 1 - 250 Pa wird eine Gleichspannung von einigen 100 V zwischen Werkstück (Kathode) und Behälter (Anode) angelegt. Dadurch wird das in den Behälter eingeleitete stickstoffhaltige Gasgemisch ionisiert und somit elektrisch leitend. Nitriermedium beim Plasmanitrieren ist eine Stickstoff/Wasserstoff-Glimmentladung die im sogenannten anomalen Bereich betrieben wird (vgl. Kap. 3.2.1). Die bei der Glimmentladung positiv geladenen Ionen werden entsprechend der anliegenden Betriebsspannung zum Substrat hin beschleunigt und treffen mit hoher Energie auf die Oberfläche des Werkstückes auf. Die Plasmanitrierung erfolgt üblicherweise bei Temperaturen zwischen 350°C und 550°C. Durch die Prozeßführung im Bereich der anomalen Glimmentladung wird eine vollständige Bedeckung des Werkstückes mit dem Glimmsaum erreicht /Eis/.

Gegenüber herkömmlichen Nitrierverfahren (Pulver-, Salzbad-, Gasnitrieren) weist das Plasmanitrieren folgende Vorteile auf:

- kurze Prozeßzeiten;
- keine Oxidation der Oberfläche;
- die Prozeßtemperatur liegt zwischen 350°C und 550°C, daher kann eine nachträgliche Wärmebehandlung entfallen;
- kein meßbarer Werkstückverzug, daher in der Regel keine Nacharbeit erforderlich und
- ein anwendungsbezogener Nitrierprozeß ist möglich /Lam2/.

2.1.2 Diffusions- und Verbindungsschicht beim Nitrieren

In Abhängigkeit des Stickstoffanteils im Prozeßgas bilden sich beim Nitrieren in der Randschicht zwei Bereiche aus. Die äußere relativ homogene Schicht, ist die Verbindungsschicht. Die wesentlich tiefer in den Grundwerkstoff hineinreichende Schicht, mit abnehmender Konzentration des eindiffundierenden Stoffes, wird als Diffusionsschicht bezeichnet.

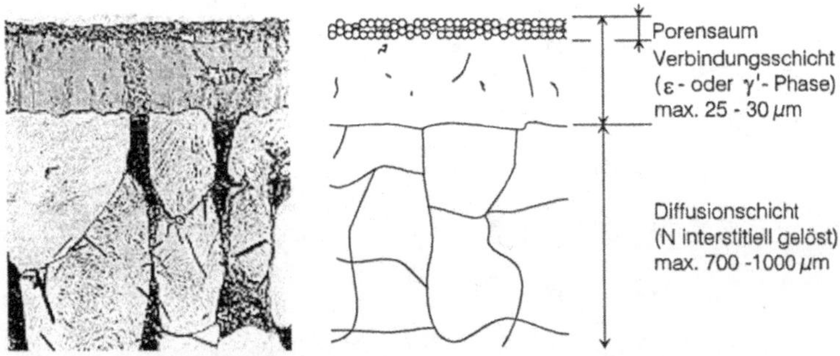

Bild 2.2: Querschliff einer angeätzten Nitrierschicht und schematischer Aufbau von Nitrierschichten (Werkstoff C45)

Im äußeren Bereich der Verbindungsschicht ist eine Anhäufung dunkler, kleiner als 1 μm großer Punkte zu erkennen, die sich bei rasterelekronenmikroskopischer Betrachtung als Mikrohohlräume herausstellen. Diese setzen sich bis zur Oberfläche fort und stehen untereinander in Verbindung oder sind für sich abgeschlossen. Im technischen Sprachgebrauch werden sie als Poren bezeichnet /Lie1/.

Die Verbindungsschicht ist 0-30 μm tief und entsprechend den gewählten Verfahrensparametern besteht sie hauptsächlich aus Eisennitriden die auch ε- oder γ'-Phase genannt werden. Als ε-Phase wird das sich zunächst bildende $Fe_{2\text{-}3}N$ bezeichnet, bei weiterem Zerfall bildet sich Fe_4N, dieses wird als γ'-Phase bezeichnet /Fre1/. Für die erheblichen Härtesteigerungen beim Nitrieren sind jedoch neben den Eisennitriden insbesondere die Sondernitride maßgeblich, die der Stickstoff bei legierten Stählen mit den Legierungselementen Aluminium, Titan, Molybdän und Vanadium bildet. Die dadurch entstehenden harten, chemisch und thermisch sehr beständigen Nitride ergeben zusammen mit Karbonitriden, die aus dem Einbau von Stickstoff in Eisenkarbide und Legierungselementkarbide entstehen, eine verschleißfeste Werkstückoberfläche in Temperaturbereichen bis 600 °C.

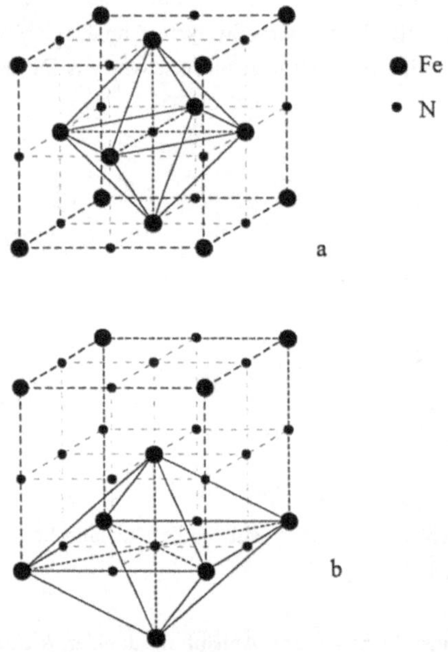

Bild 2.3: Darstellung der Plätze für die interstitielle Aufnahme der Stickstoffatome im idealen Eisengitter. a.) kubisch flächenzentriert (γ- MK) b.) kubisch raumzentriert (α-MK) /Lie2/.

An die Verbindungsschicht schließt sich die wesentlich dickere Diffusionsschicht an. Die Eindringtiefe kann je nach Prozeßdauer bis zu 1000 μm betragen. Die Härtesteigerung der

Verbindungsschicht beruht auf der Eindiffusion von atomarem Stickstoff in die Stahloberfläche. Stickstoff hat gegenüber Eisen ein deutlich geringeres Atomgewicht. Der Atomdurchmesser von Stickstoff beträgt ca. 57% von dem des Eisens. Deshalb ist Stickstoff in der Lage, im kubisch flächenzentrierten (γ-MK) und kubisch raumzentrierten (α-MK) Eisengitter interstitiell gelöst zu werden (Bild 2.3).

Der Stickstoffgehalt und die damit verbundene Zunahme der Härte nimmt entsprechend den Diffusionsgesetzen vom Rand zum Werkzeuginneren hin, auf den Ausgangswert des Substratwerkstoffs ab. Härte, Dicke und Wachstumsrate der Nitrierschicht sind stark abhängig vom Gehalt der nitridbildenden Legierungselementen. Ist der Gehalt groß, steigt die Härte der Nitrierschicht an, es sinken dabei jedoch die Nitriertiefe und die Wachstumsgeschwindigkeit. Bei den höher mit Nitrierbildnern legierten Werkstoffen wird ein großer Teil des eindiffundierenden Stickstoffs bereits nach relativ kurzen Diffusionswegen abgebunden.

Die Schichtdicke der gesamten Nitrierschicht kann über die Werkstoffauswahl, die Nitrierdauer und die Nitriertemperatur gesteuert werden. Das Wachstum, der Phasenaufbau und die chemische Zusammensetzung der Verbindungsschicht kann gezielt verändert werden /Spi1/.

2.1.3 Schichtbildungsmechanismen

Im oberflächennahen Bereich des Werkstücks bildet sich die Diffusionsschicht und, in Abhängigkeit von der Versuchsführung, eine äußere Verbindungsschicht aus. Zu den Bildungsmechanismen gibt es mehrere Vorstellungen. Der Aufbau der Schichten beim Plasmanitrieren entspricht grundsätzlich derjenigen, wie er auch durch herkömmliche Gasnitrierverfahren erzeugt wird. Die dabei für die Stoffaufnahme verantwortlichen Mechanismen werden von Fromm und Gebhardt beschrieben /Fro/. Von besonderer Bedeutung sind dabei Adsorptionsvorgänge, die je nach Art der Kräfte in physikalische Adsorption (Physisorption) und chemische Adsorption (Chemisorption) unterschieden werden können.

Die Physisorption wird allgemein durch schwache Van der Waals' sche Kräfte verursacht. Die Moleküle sind nicht an bestimmte Oberflächenplätze gebunden und können sich frei bewegen. Die Chemisorption dagegen ist durch erhebliche chemische Bindungskräfte gekennzeichnet und ist hauptsächlich darauf zurückzuführen, daß die Valenzen der Oberflächenatome nicht voll abgesättigt sind.

Beim Nitrieren findet zunächst eine Physisorption der Stickstoffmoleküle statt, der eine Dissoziation der Moleküle und anschließend die Chemisorption an der erhitzten Oberfläche folgt. Die Chemisorption geschieht meist an Korngrenzen und Versetzungen. Oberflächenverunreinigungen oder -bedeckungen wirken der Absorption entgegen. Ist das Lösungsvermögen des Metalls gering für das adsorbierte Gas, so können nicht alle adsorbierten Atome in das Metall eindringen. Es kommt dann zu einer sogenannten Verbindungsschichtbildung.

Die Bildung der Verbindungsschicht erfolgt durch mehrere parallel ablaufende Mechanismen. Positive Stickstoffionen sind bei einer Behandlung in Stickstoff/Wasserstoff Gasgemischen von besonderer Bedeutung. Es werden aber auch Eisennitride verschiedener Stöchiometrie und FeN_XH_Y-Verbindungen auf der Oberfläche abgeschieden und sowohl durch Physisorption als auch Chemisorption an der Oberfläche gebunden /Lam2/. Das Wachstum und der mikrostrukturelle Aufbau der Eisen-(carbo)nitridverbindungsschicht an der Oberfläche nitrierter und nitrocarburierter Werkstücke werden bisher nur ansatzweise verstanden /Hof2/. Durch das Ätzen mit Nital unter Zugabe von Jodchlorid erscheint die Verbindungsschicht etwas dunkler und weist eine Strukturierung auf, die auf stengelförmige in Diffusionsrichtung gewachsene Nitridkristallite schließen läßt /Lie2/.

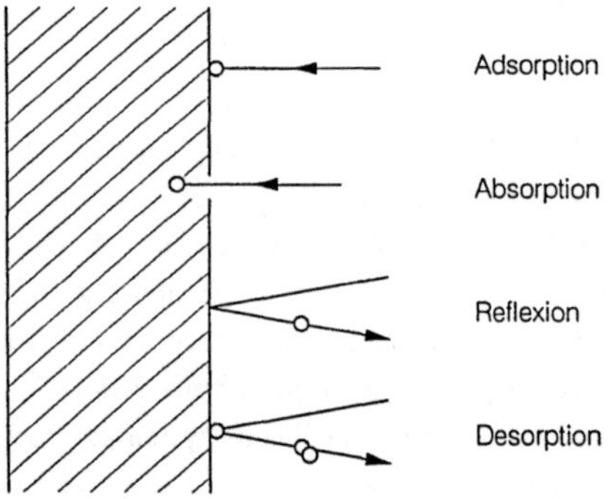

Bild 2.4: Wechselwirkungen von Ionen und Atomen mit Festkörpern /Fre1/

Beim Plasmanitrieren werden für die Stoffaufnahmemechanismen neben anderen möglichen Vorgängen die Teilprozesse Desorption und Adsorption (Bild 2.4) diskutiert. Die Desorption der Oberfläche durch Ionen unterstützt die Nitrierung, da Verunreinigungen, welche die Eindiffusion von Stickstoff in das Werkstück behindern, entfernt werden. An den Innenwänden der Beschichtungskammer und auf dem Beschichtungsgut kondensierter

Wasserdampf wird durch Ionenbeschuß zur Desorption angeregt. Andere Verunreinigungen auf der Werkstückoberfläche können bei der Verwendung von Wasserstoff im Gasgemisch reduziert und zu flüchtigen Produkten abgebaut und aus dem Prozeß abgepumpt werden. Unter dem Ionenbeschuß aus dem Plasma erhöht sich die Defektdichte an der Oberfläche der behandelten Werkstücke. Durch die auf die Oberfläche auftreffenden Ionen erhöht sich die spezifische Oberflächenenergie und Vorgänge wie Oberflächendiffusion und Chemisorption werden beschleunigt /Lam2/.

Der Adsorption von elementarem Sickstoff wird aufgrund des geringen Ionisierungsgrades der Teilchen in der beim Plasmanitrieren verwendeten Glimmentladung die Nitrierwirkung zugeschrieben /Tib/. Dabei können sowohl Neutralteilchen als auch neutrale Teilchen im angeregten Zustand, die durch Reaktionen im Plasma entstanden sind, einen Beitrag zum Nitriervorgang liefern. Demgegenüber steht die Einschätzung, daß die Adsorption von Ionen an der Werkstückoberfläche als Mechanismus der Plasmanitrierung gilt /Hud/. Die Diffusion der Stickstoffatome in der Werkstückrandschicht erfolgt durch Zwischengitterplätze, Korngrenzen- und Versetzungsdiffusion. Die Korngrenze umfaßt einen Bereich, in welchem sich die Orientierung der aneinander angrenzender Kristallgitter ändert. Versetzungen sind Unregelmäßigkeiten des gitterartigen, strukturellen Aufbaus. Aufgrund dieser Gitterbaufehler werden Platzwechselprozesse begünstigt /Heu/.

2.2 Oberflächenbeschichtung

Der Einsatzbereich der Oberflächenbeschichtungsverfahren umfaßt unterschiedlichste Industriebereiche. In der optischen Industrie ist die Entspiegelung von optischen Elementen eine klassische Anwendung. Desweiteren werden Sonnenschutz- und Wärmedämmschichten auf Architekturglas in großem Umfang erzeugt /Kie1/. Die Elektronikindustrie nützt moderne Beschichtungstechniken zur Erzeugung von Widerstands- und Isolierschichten sowie von Halbleiterbauelementen /Kie2/. In der Uhren- und Schmuckindustrie werden dekorative Schichten zur Wertsteigerung aufgebracht. Als tribologisch wirksame Schichten, zur Verringerung der Reibung bei Lagern zur Schmiermittelreduzierung bzw. für Anwendungen im Vakuum, werden weichmetallische Schichten, wie Molybdändisulfid aber auch Kohlenstoffschichten eingesetzt /Vet/. Hartstoffschichten werden als verschleißfeste Schichten für Werkzeuge verwendet, um die Standzeiten zu verlängern bzw. die Schnittgeschwindigkeiten zu erhöhen /Kön/. Gerade als Schutz gegen Verschleiß, Verzunderung und Korrosion eignen sich dünne Schichten aus metallischen und nichtmetallischen Hartstoffen, da sie sich durch große chemische Beständigkeit, thermische Stabilität und Härte auszeichnen /Hin/.

2.2.1 Hartstoffschichten

Die Plasmabeschichtungsverfahren für Hartstoffbeschichtungen benutzen bis auf wenige Ausnahmen chemische Reaktionen für die Schichtbildung. Von besonderer Bedeutung für industriell eingesetzte Schichten sind dabei die Reaktionen zwischen Metallen und Stickstoff, Kohlenstoff, Sauerstoff oder Bor, wodurch Nitride, Carbide, Oxide, Boride und deren Mischungen entstehen /Bun/.

Bindungsart	Phase	ρ [gcm-³]	T_S [°C]	Härte [HV]	α_{th} [$10^{-6}K^{-1}$]	ρ_{el} [µΩcm]
metallische Bindung	CrN	6,12	1050	1100	2,3	640
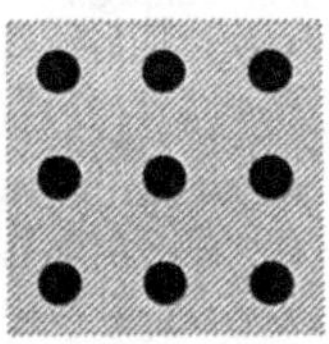	TiC	4,93	3067	2800	8,0-8,6	52
	TiN	5,40	2950	2100	9,4	25
	VC	5,41	2648	2900	7,3	59
	W_2B_5	13,03	2365	2700	7,8	19
	WC	15,72	2776	2350	3,8-3,9	17
(Metallionen in einer	ZrC	6,63	3445	2560	7,0-7,4	42
freien Elektronenwolke)	ZrN	7,32	2982	1600	7,2	21
kovalente Bindung	AlB_{12}	2,58	2150	2600	-	$2 \cdot 10^{12}$
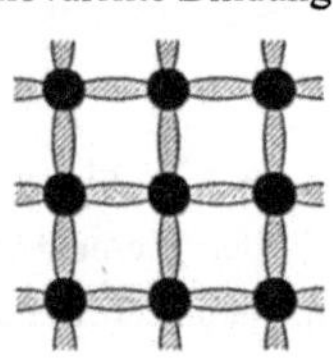	AlN	3,26	2250	1230	5,7	10^{15}
	B_4C	2,52	2450	3500	5	$0,5 \cdot 10^{6}$
	BN (kub.)	3,48	2730	~ 5000	-	10^{18}
	C (Diam.)	3,52	3800	~ 8000	1,0	10^{20}
	SiB_6	2,43	1900	2300	5,4	10^{7}
(gem. Valenzelektronen	SiC	3,22	2760	2600	5,3	10^{5}
an positive Atomrümpfe)	Si_3N_4	3,19	1900	1720	2,5	10^{18}
ionische Bindung	Al_2O_3	3,98	2047	2100	8,4	10^{20}
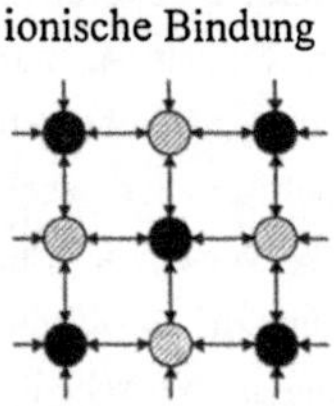	Al_2TiO_5	3,68	1894	-	0,8	10^{16}
	TiO_2	4,25	1867	1100	9,0	-
	ZrO_2	5,76	2677	1200	11,0	10^{16}
	HfO_2	10,2	2900	780	6,5	-
	ThO_2	10,0	3300	950	9,3	10^{16}
(Anziehung positiver	BeO	3,03	2550	1500	9,0	10^{23}
und negativer Ionen)	MgO	3,77	2827	750	13,0	10^{12}

Tabelle 2.1: Bindungsarten und Eigenschaften verschiedener Hartstoffe /Kus, Hol/

Bezüglich des chemischen Bindungszustandes können die Hartstoffe in drei Gruppen unterteilt werden. Metallische Hartstoffe sind Nitride, Carbide und Boride der Metalle der 4ten bis 6ten Nebengruppe des Periodensystems der Elemente. Kovalente Hartstoffe sind Boride, Karbide und Nitride der Elemente B, Si und Al einschließlich des Diamants. Zu den ionischen Hartstoffen werden u. a. die Oxide der Elemente Al, Ti, Zr und Be gerechnet /Sud/.

Alle Stoffe besitzen hohe Härten HV, sind von hoher Dichte ρ und haben relativ hohe Schmelzpunkte T_S. Der thermische Ausdehnungskoeffizient α_{th} steigt von den kovalenten über die metallischen zu den heteropolaren Hartstoffen an. Der wesentlichste Unterschied ist in der elektrischen Leitfähigkeit ρ_{el} zu finden (Tabelle 2.1).

Jede der drei Gruppen hat im Hinblick auf eine Anwendung als Schichtmaterial Vor- und Nachteile. Die extrem harten kovalenten Stoffe besitzen geringe Stabilität und zeigen schlechte Haftung. Die heteropolaren Stoffe sind sehr stabil, neigen nur in geringem Maße zu Wechselwirkung mit der Umgebung, sind aber weniger hart und darüber hinaus spröde. Die metallischen Hartstoffe sind für die technischen Anwendungen auf Metallen die interessantesten Schichtmaterialien /Hol/.

2.2.2 Schichtentwicklung

Nach der Entwicklung und industriellen Einführung der Einlagenschichten wie TiC oder TiN zielen die weitergehenden Untersuchungen auf Schichtsysteme unterschiedlicher Zusammensetzungen ab. Zum einen werden Versuche zur Abscheidung von Mehrkomponentenschichten durchgeführt, zum anderen werden Gradienten- und Mehr- bzw. Viellagenschichten durch Modifikation der chemischen Zusammensetzung innerhalb der Schicht entwickelt.

Mehrkomponentenschichten

Mehrkomponentenschichten auf der Basis von TiN oder CrN enthalten ein zweites Metalloid (C, B) /Fri/ oder weitere Metalle (am häufigsten Al) /Ley/. Meist bleibt dadurch die Gitterstruktur erhalten, während sich die mechanischen und physikalischen Eigenschaften ändern. Ausgehend von Al-Zusätzen wurde die Zugabe einer Vielzahl von weiteren Elementen untersucht, für (Ti,Me)N-Schichten sind dies die Übergangsmetalle Zr, V, Nb, Ta, Cr, Mo, aber auch Si oder Pd. Für Cr wurden neben Al auch Zusätze von Zr, V, Nb, Ta und W untersucht. Diese Zusatzelemente sollen vor allem die Reibung zum Gegenkörper (Werkstück) reduzieren; sie können aber auch zu einer besseren Warmfestigkeit führen /Jeh1/.

Gradientenschichten

Der Gedanke, die Beschichtung so aufzubauen, daß dem Substrat eine gut haftende Zwischenschicht folgt und den Abschluß eine Schicht mit geringen Wechselwirkungen bildet, läßt sich durch sogenannte Gradienten-Schichten (Schichten, in denen sich die Zusammensetzung kontinuierlich ändert) erreichen. Grundlage hierfür ist die ausgeprägte Mischungstendenz der metallischen Hartstoffe im festen Zustand. Denkbare Lösungen hierfür sind Gradientenschichten mit homogenem Übergang von WC über TiC zu TiN oder VC über TiC zu TiN. TiC/TiN-Gradientenschichten werden bei Umformwerkzeuge für die Blechverarbeitung bereits kommerziell genutzt /Kel/.

Mehr- bzw. Viellagenschichten

Mehrlagenschichten sind seit langem Stand der Technik. Dies gilt insbesondere für CVD-Schichten, z. B. der Folge TiN/Al_2O_3/TiN/TiC/Substrat (Hartmetall) wobei die Anforderungen im Bezug auf Haftung und Wechselwirkung auf den zu bearbeitenden Werkstoff angepaßt werden können. Als Deckschicht der Folge Al_2O_3/ZrO_2/Al_2O_3/Ti(C,N)/Substrat (Hartmetall) wurde mittels CVD unter Verwendung von $AlCl_3$ und $ZrCl_4$ eine Al_2O_3-ZrO_2-Verbundschicht abgeschieden. Sie bewährt sich besonders, wenn das Versagen durch hohe Temperaturbeanspruchung und chemische Diffusion hervorgerufen wird, weil der Wärmeübergang zum Substrat verringert ist /Rus/.

Im Fall von PVD-Schichten wird zumeist nur eine Hartstoffschicht gegebenenfalls mit einer dünnen, haftvermittelnden Metallschicht aufgebracht. Die schnelle Änderung von Schichteigenschaften beim Übergang zwischen den Einzelschichten kann im Fall von Vielfachschichten zu hohen Härten und gutem Einsatzverhalten führen. Beispiele solcher Vielfachschichten sind TiN/NbN- oder TiN/VN-Schichten mit Schichtperioden zwischen 5 und 30 µm. Bei Perioden von etwa 7 µm wurde in den genannten Systemen ein Härtemaximum gefunden /Chu/.

Durch sogenanntes sequentielles Sputtern von zwei Kathoden, wobei das zu beschichtende Substrat unter den Kathoden hindurch bewegt wird, lassen sich bei geeigneter Stoffauswahl ebenfalls Mehrlagenschichten erzeugen. Am Beispiel von TiC/TiB_2-Schichten konnte nachgewiesen werden, daß solche Schichten bei gleicher Härte eine höhere Zähigkeit und bessere Haftung aufweisen /Hof1/.

2.2.3 Plasmaunterstützte chemische Gasphasenabscheidung (PACVD)

Mit der plasmaunterstützten chemischen Gasphasenabscheidung (PACVD) steht ein Verfahren zur Verfügung, mit dem verschleißmindernde und vor Korrosion schützende Hartstoffschichten abgeschieden werden können. Entstanden ist das PACVD-Verfahren aus der Notwendigkeit heraus, die bestehenden Verfahren zu verbessern.

Das CVD-Verfahren (Chemical Vapor Deposition) führt auch an komplex gestalteten Bauteilen zu einer gleichmäßigen Beschichtung, die jedoch eine relativ hohe Temperatur von ca. 1000°C erfordert. Dies führt an wärmebehandelten Stählen zu unerwünschten Gefügeumwandlungen und kann zu einem Wärmeverzug an fertig bearbeiteten Werkstücken führen. Aus diesem Grund findet das Verfahren vorwiegend bei hochtemperaturfesten Werkstoffen Anwendung, wie sie zum Beispiel bei Wendeschneidplatten zum Einsatz kommen. Bei Stahlbauteilen ist im allgemeinen eine Nachbearbeitung, zumindest aber eine nachträgliche Wärmebehandlung erforderlich. Dies setzt große Sachkenntnis voraus und verteuert die Herstellungskosten.

Mit den PVD-Verfahren (Physical Vapor Deposition) ist es gelungen, eine Beschichtungstechnologie zu entwickeln, die bei Temperaturen zwischen 150°C und 400°C arbeitet und sich damit einer wesentlich breiteren Palette von zu beschichtenden Bauteilen erschließt als das CVD-Verfahren. Die PVD-Verfahren sind aber gerichtete Beschichtungsverfahren, was zur Folge hat, daß das Bauteil nur aus der Richtung der Schichtmaterialquelle beschichtet wird. Um eine über das gesamte Bauteil gleichmäßige Beschichtung zu ermöglichen, ist ein hoher Aufwand (z. B. Drehen der Bauteile während der Beschichtung) erforderlich.

Die plasmaunterstützte chemische Gasphasenabscheidung (PACVD) wurde entwickelt, um den Nachteil der hohen Beschichtungstemperaturen des CVD-Verfahrens zu vermeiden, aber trotzdem dessen Vorteil der gleichmäßigen Beschichtung kompliziert geformter Werkstücke beizubehalten.

Die erforderlichen nichtisothermen Niederdruckplasmen können durch hochfrequente Wechselstrom-, Gleichstrom- oder gepulste Gleichstromfelder erzeugt werden. Die chemischen Reaktionen erfolgen im dünnen, das Substrat allseits umgebenden Glimmsaum der Glimmentladung. Die Verwendung von hochfrequenten Wechselfeldern zur Aufrechterhaltung der Glimmentladung eröffnet die Möglichkeit, auch elektrisch nichtleitende Werkstücke zu beschichten. So ist es zum Beispiel möglich, Isolatorschichten aus Siliziumoxid abzuscheiden. Die Einkoppelung der elektrischen Energie mit Hilfe hochfrequenter Felder kann entweder induktiv oder kapazitiv erfolgen. Bei der induktiven

Variante werden die Ladungsträger im Gas durch elektromagnetische Induktion in Wirbelfeldern beschleunigt. Demgegenüber ist bei der kapazitiven Anordnung das elektrische Feld zwischen zwei Elektroden für die Beschleunigung der Ladungsträger verantwortlich (Bild 2.5 a- d).

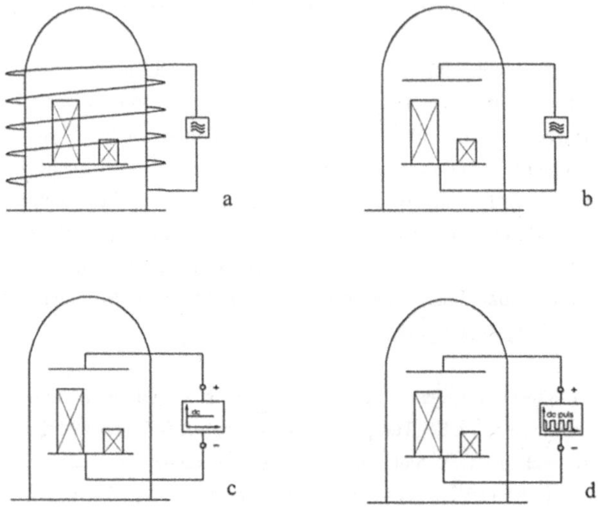

Bild 2.5: Prinzipien der Plasmaerzeugung a.) induktive Einkopplung, b.) kapazitive Einkopplung, c.) Gleichspannung d.) gepulste Geichspannung

Die Anlagen- und Prozeßbedingungen beim PACVD mittels Gleichspannung sind im wesentlichen mit den Bedingungen beim Plasmanitrieren identisch. Die zu behandelnden Werkstücke werden in einem Vakuumbehälter gegenüber der Kammer elektrisch isoliert eingebracht. Bei einem Gasdruck von üblicherweise 1- 250 Pa wird eine Gleichspannung von einigen 100 V zwischen Werkstück (Kathode) und Behälter (Anode) angelegt. Dadurch wird während des Prozesses eine Gasentladung gezündet. In dem dabei entstehenden Plasma werden die Spendergase ionisiert, dissoziert oder angeregt. Dabei entstehen Radikale und der Energieinhalt des Gases steigt, was ermöglicht, daß die Reaktionen bei Temperaturen ablaufen, die tiefer sind als die thermodynamisch erforderlichen. Aus diesem Grund sind Beschichtungstemperaturen möglich, die um mehrere hundert Grad unter den bei konventionellen CVD-Verfahren benötigten liegen. Zusätzlich zu der Möglichkeit, das Plasma durch einen Gleichstrom anzuregen, kann das Plasma auch durch einen gepulsten Gleichstrom aufrechterhalten werden. Da die Lebensdauer der angeregten Teilchen der Glimmentladung die Spannungspause übertrifft, kann der Plasmazustand auch in der Pause aufrecht erhalten werden. Das Verhältnis von Spannungspuls zur Spannungspause kann variiert werden und wird im Mikrosekundenbereich getaktet. Die Prozeßtemperatur wird entkoppelt von der Plasmaleistung über die Wandheizung eines Heißwandofens geregelt. Die Temperaturgleichmäßigkeit im gesamten Reaktor kann dadurch verbessert werden /Rie1/.

Für die Herstellung von Titannitridschichten (TiN) durch konventionelle CVD-Verfahren wird im allgemeinen eine Mischung aus N_2, H_2 und $TiCl_4$ (Titantetrachlorid) in die Reaktionskammer eingeleitet:

$$2\,TiCl_4 + N_2 + 4\,H_2 \rightarrow 2\,TiN + 8\,HCl \qquad (2.8)$$

Diese Reaktionen sind bei Raumtemperatur endotherm. Erst ab Temperaturen von ca. 700 °C verschieben sich die Gleichgewichte auf die Produktseite.

Für die PACVD-Beschichtung mit TiN werden meistens die gleichen Ausgangssubstanzen wie beim konventionellen CVD-Verfahren verwendet, wobei oft noch Argon (Ar) beigegeben wird, das eine plasmastabilisierende Wirkung besitzt. Durch die Beteiligung von Ionen, Radikalen und angeregten Molekülen weicht der Beschichtungsmechanismus wesentlich von der oben genannten Reaktionsgleichung ab und es entsteht eine Vielzahl neuer Reaktionskanäle, die durch die sogenannten Volumenreaktionen beschrieben werden.

2.2.4 PACVD von TiN-Hartstoffschichten

Nachfolgend wird ein chronologischer Überblick über die Entwicklung der Arbeiten zur Abscheidung von TiN-Schichten gegeben, die mittels PACVD hergestellt wurden. Da die Anwendungen der PACVD-Technik auf Werkzeugstähle eine Behandlungstemperatur unter 550°C erfordert, ist die Auswahl der Literatur auf Arbeiten mit dieser Zielsetzung fokusiert.

Archer berichtet erstmals über die Darstellung von TiN, TiC und TiC_xN_{1-x} durch PACVD in einer Gleichstromglimmentladung bei Temperaturen bis 550°C. Ausgehend von N_2, H_2, CH_4 und $TiCl_4$ stellte er in einer konventionellen Nitriereinrichtung TiC, TiN und TiC_xN_{1-x} - Schichten mit Abscheideraten zwischen 1 und 3 µm/h her. Die TiC-Schichten hafteten auf Nickel bis zu Temperaturen von 550°C, die TiN und TiC_xN_{1-x} bei Temperaturen bis zu 300°C. Wobei darauf hingewiesen wird, daß TiN ebenfalls auf Stahlsubstraten haftet. Bei diesen Versuchen zeigte sich, daß die Gleichstrom-Glimmentladung stabiler brannte, wenn dem Reaktionsgas zusätzlich Argon beigemischt wurde /Arc/.

Kikuchi untersucht TiN-Schichten, abgeschieden in einem DC-Plasma bei 500°C, hinsichtlich der Mikrohärte. Dabei erreicht er Härtewerte nach Knoop zwischen 2200 und 3000 kg/mm^2 in Abhängigkeit von der Substratvorspannung. Der Chlorgehalt der Schichten nimmt dabei mit abnehmender Substrattemperatur und zunehmendem $TiCl_4$-Fluß zu, wobei ein deutlicher Haftungsverlust erst bei Chlorkonzentrationen von 5 Atomprozent ersichtlich ist. Mittels PACVD beschichtete Werkzeuge zeigten bei Zerspanversuchen gute Ergebnisse /Kik/.

Li Shizhi gibt erstmals eine detaillierte Beschreibung einer PACVD-Versuchsanlage. Er untersucht in einem DC-Plasma dargestellte TiN-Schichten aus N_2, H_2 und $TiCl_4$. Dabei wählt er verschiedene Temperatur- und Druckbereiche aus: 1) T= 430°C, p= 1 Torr und 2) T= 520°C, p= 0.25 Torr. Er stellt dabei fest, daß bei hohen Drücken dichte, kompakte Strukturen mit Mikrohärten von mehr als 2000 kg/mm^2 erhalten werden, dagegen weisen die Schichten mit abnehmendem Druck mehr und mehr Löcher auf /Shi1/. Aufbauend auf dieser Arbeit wurde 1987 von Li Shizhi eine Anlage mit einem Durchmesser von 750 mm und einer Höhe von 750 mm vorgestellt in der sowohl Bohr- und Umformwerkzeuge, als auch Lagerelemente beschichtet wurden. Die Bohrwerkzeuge zeigten eine Standzeitverbesserung um den Faktor 8. Bei den Umformwerkzeugen und den Lagerelementen konnte eine Standzeitverbesserung um den Faktor 3-4 erreicht werden /Shi2/. Weiterhin wurde von Li Shizhi an der Entwicklung einer Hochfrequenzentladung bei einer Frequenz von 13.56 MHz zur Darstellung von TiN gearbeitet. Bei einem Abscheidedruck von 1 Torr erreicht man dabei Abscheideraten von 6 µm/h und Mikrohärten von 2000 kg/mm^2. Die Schichten zeigten eine kompakte Struktur und wiesen eine starke (200)-Orientierung auf /Shi3/.

Arai scheidet TiN-Schichten in einer DC-Entladung bei Abscheideraten von 1 bis 3 µm/h und Chlorgehalten von kleiner 5 Atomprozent ab. Die Härte der Schichten erreichen 2000 HV für TiN. Bei Chlorwerten größer 5 Atomprozent fällt die Härte der Schichten rasch ab. In Standzeittests zeigen die PACVD-Schichten außergewöhnliche Verschleißbeständigkeit und Formtreue, diese sind vergleichbar mit den Eigenschaften von Hochtemperatur-CVD-Schichten /Ara/.

Hilton beschreibt die TiN-Abscheidungen in einer Hochfrequenzentladung bei einer Frequenz von 12 MHz und unter Verwendung von NH_3 als Stickstoffquelle. Im untersuchten Temperaturbereich von 175 - 400°C nimmt der Chlorgehalt von 20 auf 2 Atomprozent ab. Erst oberhalb von 300°C können kristalline Schichten mit einer dichten Struktur abgeschieden werden. Bei der Schichtwachstumsrate wurde nach einem Anstieg ein Sättigungswert erreicht. Eine weitere Erhöhung der Plasmaleistung führte zu einer konstanten Rate /Hil1/. Thermodynamische Betrachtungen ließen im System Titantetrachlorid/Ammoniak die Bildung des Feststoffes Ammoniumchlorid (NH_4Cl) bei Substrattemperaturen unter 300°C erwarten. Experimentell wurden bei Beschichtungsversuchen mit den Reaktionsgasen $TiCl_4$ und NH_3 im Hochfrequenzplasma bei 300°C schwarze amorphe TiNCl-Komplexe mit einem Chlorgehalt von 10 Gew.-% erzeugt /Hil2/.

Jang findet bei seinen Experimenten ein Maximum der Abscheiderate in Abhängigkeit von der Hochfrequenzleistung. Die Kristallinität der Schichten kann im untersuchten Leistungsbereich von 10 - 70 W mit zunehmender Leistung verbessert werden. /Jan1/. Bei Untersuchungen der Gasphasenzusammensetzung auf die Abscheiderate und die Schichteigenschaften stellte Jang eine monotone Zunahme der Abscheiderate mit zunehmendem $TiCl_4$- sowie N_2-Partialdruck fest. In Abhängigkeit vom H_2-Partialdruck durchläuft die Abscheiderate ein Maximum. Der Chlorgehalt der Schichten nimmt mit dem H_2-Partialdruck ab, mit dem $TiCl_4$-Partialdruck hingegen zu /Jan2/.

Mayr und Stock stellen TiN-Schichten bei einem Druck von 500 Pa her, die eine dichte, kolumnar gewachsene Struktur aufweisen und Mikrohärten zwischen 2000 und 3500 kg/mm^2 nach Vickers besitzen. Aus Röntgenuntersuchungen geht hervor, daß die Schichten neben einer schwächer ausgeprägten (220)-Orientierung eine (200)-Vorzugsorientierung aufweisen. Desweiteren bleibt die Stöchiometrie der Schichten bei der Veränderung des $TiCl_4$-Partialdruckes über einen weiten Bereich konstant /May/.

Laimer untersucht den Einfluß verschiedener Gaseinlaßsysteme auf die Qualität der TiN-Schichten in einem hochfrequent angeregten Plasma. Durch den Einsatz einer Gasdusche am Einlaß in den Reaktor, die dem Impulsabbau und der verbesserten Durchmischung der eintretenden Gase dient, verbessert sich die Qualität der Schichten deutlich. Bei Chlorgehalten von 1 Atomprozent erreicht er Härtewerte von bis zu 3000 kg/mm^2. REM-Aufnahmen zeigen das Vorliegen einer äußerst kompakten Struktur /Lai/.

Oguri zeigte, daß lediglich das Verhältnis der Gasflüsse N_2 zu $TiCl_4$ die Abscheiderate bestimmt. Ein Sättigungswert der Wachstumsrate wurde bei einem Gasfluß-Verhältnis von 8 bis 9 erzielt. Wurde der Durchfluß beider Reaktionsgase unter Konstanthaltung des Flußverhältnisses erhöht, so stieg die Abscheiderate linear zur Durchflußmenge an. Daraus ließ sich ableiten, daß der Massetransport die geschwindigkeitsbestimmende Größe der Abscheidung darstellte. Der Chlorgehalt der Schichten war dabei unabhängig vom eingestellten $TiCl_4$-Durchfluß /Ogu2/.

Rie berichtet über das Verfahren der Anregung des Plasmas mit der gepulsten Gleichspannung. Dadurch kann eine Trennung von Substrattemperatur und dem System zugeführte elektrische Leistung erzielt werden. Die abgeschiedenen TiN-Schichten weisen bei ca. 600°C einen Chlorgehalt von 2 Atomprozent auf. Die Vickershärte wird mit 1400 HV bis 2000 HV angegeben und weist in Einzelfällen Werte bis zu 3000 HV auf /Rie2/. Diese Arbeiten wurden weiter geführt und umfangreiche Untersuchungen über die Beziehung von Prozeßparametern, Messungen der Plasmaeigenschaften mittels der optischen Emissionsspektroskopie und den Schichteigenschaften wurden veröffentlicht /Rie3/. Desweiteren wurden Arbeiten über die Abscheidung von TiN/TiCN/TiC- Schichten und deren Kombinationen auf Stahl und Hartmetallsubstraten durchgeführt /Rie4/. Diese Arbeiten führten schließlich zu Feldversuchen mit PACVD-beschichteten Werkzeugen in der Druckgußindustrie /Röd/.

Patscheider stellt bei seinen Untersuchungen fest, daß die Abscheiderate mit einer Stromdichte von 0,2 mA/cm^2 bis zu 0,8 mA/cm^2 zunimmt und nach dieser Grenze stark abfällt. Der Verlauf des Chlorgehalts von der Stromdichte ergibt bei geringen Werten (0,3 mA/cm^2) sehr hohe Chlorgehalte bis 20 Atomprozent. Schon bei geringer Anhebung der Stromdichte auf 0,6 mA/cm^2 sinkt der Chlorgehalt auf rund 2,5 Atomprozent, eine weitere Anhebung der Stromdichte führt nur zu einer geringen Verbesserung des Chlorgehalts. Die nicht um den elastischen Anteil korrigierten Härten betragen 4000 kg/mm^2 /Pat/. Durch nachträgliches Tempern solcher Schichten in einer Ammoniak-Atmosphäre bei 500°C, läßt sich der Chlorgehalt auf unter 1 Atomprozent reduzieren /Rei1/.

Crumnauer führte umfangreiche Arbeiten über die Strömungen in PACVD-Reaktoren durch und kommt dabei zu folgenden Ergebnissen. Strömungslinien, die bei Modellversuchen mit TiO_2-Rauchexperimenten beobachtet wurden, sind korrelierbar mit Schichtaufbau und Schichtwachstum. Bei einer räumlichen Staupunktströmung auf eine ebene Fläche nimmt das Schichtwachstum auf der Kathode radial nach außen hin ab und die chemische Zusammensetzung verändert sich. Gleichmäßige Wachstumsraten und eine homogene Zusammensetzung der Schicht können dadurch erzielt werden, indem das Prozeßgas aus mehreren Düsen in Richtung der zu beschichtenden Substrate in den Reaktionsraum einströmt /Cru/.

2.3 Kombination von Nitrierung und Hartstoffbeschichtung

Der Vorteil der Kombinationsbehandlung gegenüber der reinen Beschichtung ist, daß die Diffusion von Stickstoff in das Substrat hinein für einen stetigen Übergang der Härte von der behandelten Zone zum Kernwerkstoff sorgt, so daß eine Stützwirkung für die nachfolgend abgeschiedene Hartstoffschicht erzielt werden kann. Die durch die Kombination von Nitrieren und Hartstoffschicht hergestellten Schichtsysteme werden auch als Duplex-Schichten bezeichnet /Jeh1/.

2.3.1 Verfahren zur Kombinationsbehandlung

Verfahrenskombinationen, die das Substrat in das Verbundsystem mit einbeziehen, wurden auf vielfältige Weise realisiert. Zur Herstellung der Kombinationsschichten werden die Substrate zur Randschichthärtung einer Plasmanitrierung unterzogen, der eine übliche PVD- oder CVD-Beschichtung folgt.

Sirvio und Sulonen berichten erstmals über die Verfahrenskombination Nitrieren und Hartstoffbeschichten. Sie brachten mittels des Ionenplattier-Verfahrens eine Titannitridschicht auf einen nitrierten Kaltarbeitsstahl auf und führten Untersuchungen zum Verschleißverhalten durch. Der Verschleiß der Kombinationsschicht war niedriger als bei einer nur nitrierten Probe, aber höher als nur bei einer TiN-Schicht ohne vorherige Nitrierung. Dies führen die Autoren allerdings auf die unterschiedlichen Rauheiten zurück, die dadurch entstanden, daß die Temperatur zu Beginn der Beschichtungen nicht immer gleich war und deshalb ein unterschiedliches Schichtwachstum entstand /Sir/.

Sun und Bell führten umfangreiche Untersuchungen zum Verhalten von Verbindungsschichten bei einer nachfolgenden PVD-Hartstoffbeschichtung an niedriglegierten Stählen durch. Die Eigenschaften des Nitrier-Hartstoffschichtverbundes werden wesentlich bestimmt durch das Interface der beiden Schichten. Dieses kann in weiten Grenzen durch die Art der Nitrier- bzw. Beschichtungsparameter variieren. Bei der Beschichtung von nitrierten Proben die eine Verbindungsschicht aufweisen, verringern sich die Oberflächenhärte und der Verschleißwiderstand durch eine Zersetzung der Eisennitride in der Verbindungsschicht /Sun1/. Diese Zersetzung, die eine Entstickung der Oberfläche zur Folge hat, kann durch die Absenkung der Prozeßtemperatur bei der Beschichtung oder durch die mechanische Entfernung der Verbindungsschicht in einem Zwischenschritt verhindert werden. In dieser Art hergestellte Schichtsysteme besitzen gegenüber einer Einzelschicht wesentlich verbesserte Verschleißbeständigkeit /Sun2/.

Zlatanovic und Gredic arbeiteten mit zwei getrennten Anlagen. Sie sputterten mittels reaktiven Ionenplattierverfahren (Ti,Al)N- und TiN-Schichten auf plasmanitrierten Substratwerkstoffen auf und konnten mit Hilfe des Ritztestes an den nitrierten und anschließend beschichteten Proben höhere kritische Lasten ermitteln als an den Proben, die unter sonst identischen Bedingungen nur beschichtet wurden. Die Schichten bildeten sich durch die Plasmanitrierung dichter aus, und die Schichttopographie, die inneren Spannungen und die bevorzugte Kristallorientierung wurde durch die Art der Nitriervorbehandlung beeinflußt /Gre, Zla/.

Neben der reinen Beschichtung der Substratwerkstoffe mit TiN mittels Plasma-CVD führte Wierzchon Kombinationsbehandlungen in einer Plasma-CVD-Anlage durch, in dem er die Randzone der Werkstoffe vor der eigentlichen Beschichtung oberhalb 560°C im Plasma nitrierte bzw. mit BCl_3 und H_2 borierte. Er stellte eine wesentliche Verringerung des Verschleißes durch Reibung fest. Desweiteren verbesserte sich die Korrosionsbeständigkeit wesentlich /Wie/.

Spies berichtet über die Kombination Nitrieren-PVD und PACVD mit kontinuierlicher und unterbrochener Prozeßführung. Für die Erzeugung der Nitrierschichten fanden sowohl das sensorkontrollierte Gasnitrieren als auch das Plasmanitrieren Anwendung. Die Hartstoffbeschichtung erfolgte durch eine Hohlkathodenverdampfung (HCD) /Spi2/ bzw. durch Magnetronsputtern sowie durch einen plasmagestützten CVD-Prozeß. Ein geringer Schichtabtrag durch polieren erhöht bei dünnen porenarmen γ'-Verbindungsschichten die Schichthaftung deutlich. Bei dickeren Verbindungsschichten stellt der Porensaum eine Schwachstelle dar, die bei Scherbeanspruchung und hohen Flächenpressungen zu einem Schichtversagen führt. Auf verbindungsschichtfrei nitrierten Substraten haften Hartstoffschichten deutlich besser. Ein Zwischenpolieren hat dort nur einen geringen Einfluß auf die Schichthaftung und führt nicht in allen Fällen zu einer Verbesserung /Spi3/.

Dingremont und Bergmann beschreiben die Kombinationsbehandlung durch Nitrierung und Ionenplattierung in unterbrochenen und kontinuierlichen Arbeitsgängen. Konstruktions- und Warmarbeitsstähle wurden mittels einer herkömmlichen Gleichstromglimmentladung nitriert und anschließend mittels des reaktiven Ionenplattierverfahrens mit TiN beschichtet. Bei der integrierten Nitrierbehandlung wurde ein „low pressure triode plasma nitride process“ eingesetzt, dem ein reaktiver Ionenplattierprozeß zur TiN-Beschichtung ohne Prozeßunterbrechung folgte. Sowohl bei der Ermittlung der Haftfestigkeit mit dem Scratch-Test, als auch mit dem Rockwell-Eindruck-Test wurden wesentlich höhere Kennwerte ermittelt /Din1/. Mittels der integrierten Methode behandelte Aluminiumdruckgußwerkzeuge weisen wesentlich verbesserte Standzeiten gegenüber nur nitrierten bzw. nur hartstoffbeschichteten Werkzeugen auf /Din2/.

2.3.2 Kombinationsschichten durch Plasmanitrieren und PACVD

Im Prozeßtemperaturbereich von 500 bis 550°C bietet sich, aufgrund der ähnlichen Anlagentechnik, die Kombination einer Diffusionsbehandlung mit einer anschließenden Plasma-CVD-Hartstoffbeschichtung an. Durch eine Kombinationsbehandlung ohne Prozeßunterbrechung können Oberflächenveränderungen vermieden und die Durchlaufzeiten verkürzt werden.

Die Diffusion von Stickstoff in das Substrat durch das Plasmanitrierverfahren sorgt für einen stetigen Härteübergang von der behandelten Zone zum Kernwerkstoff, so daß eine Stützwirkung für die nachfolgend abgeschiedene Hartstoffschicht erzielt werden kann.

In der Diffussionsschicht besteht ein Gradient des eingebrachten Stoffes von außen nach innen und die Schicht wird im oberflächennahen Bereich des Grundmaterial gebildet. Dagegen ist die Auftragsschicht nicht notwendigerweise mit dem Material der Unterlage angereichert (Bild 2.6).

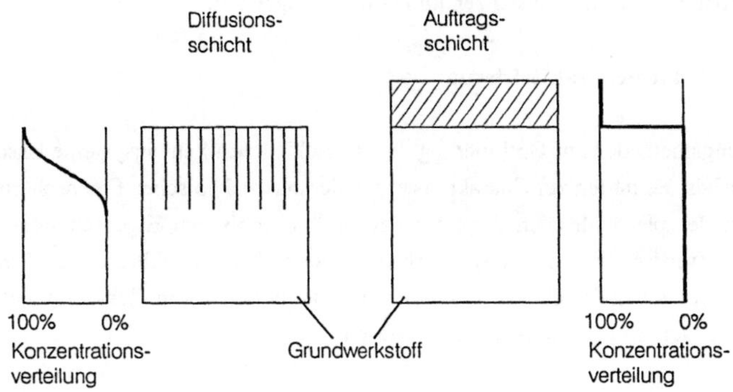

Bild 2.6: Schematischer Vergleich zwischen Diffusions- und Auftragsschicht /Lux1/

Die Forderungen an das Schichtmaterial wie Härte, jedoch auch Zähigkeit und geringe Wechselwirkung an der Oberfläche mit anderen Materialien, aber gute Haftung am Substrat, können durch TiN-Hartstoffschichten erfüllt werden.

Aus den in der Literatur vorhandenen Ergebnissen und ersten eigenen Vorversuchen ergeben sich, bei der Abscheidung von Kombinationsschichten mittels der PACVD-Technik für industrielle Anwendungen, eine Reihe von offenen Fragestellungen:

- Kanten und Bohrungen an den kathodisch geschalteten Substraten führen zu inhomogenen Stromdichteverteilungen und damit zu ungleichmäßigem Schichtwachstum /Rie3/. Da der Transport der schichtbildenden Substanzen über Gaszuführungen erfolgt, müssen diese für sich ändernde Substratformen jeweils neu angepaßt werden /Cru/.
- Der Einbau von Fremdstoffen wie Chlor, Wasserstoff und Sauerstoff wird signifikant von der Substrattemperatur und der Stromdichte beeinflußt. Bei niedrigen Substrattemperaturen und geringen Stromdichten steigt der Fremdstoffanteil in den Schichten, wodurch die Prozeßtemperatur nach unten begrenzt ist /Pat/.

- Der sich durch die Kombinationsbehandlung ergebende Übergang Nitrier-Hartstoffschicht stellt sich bei den Untersuchungen als Schwachstelle des Schichtverbundes heraus. Sowohl die Ausbildung von Porensaum und Verbindungsschicht als auch unterschiedliche Spannungsverläufe und Eigenspannungen in den Hartstoffschichten führen zu Haftungsproblemen, die einen vorzeitigen Ausfall der behandelten Bauelemente nach sich ziehen /Sun2/.
- Durch die Anwendung der preiswerten Halogenverbindungen ($TiCl_4$) zur Schichtabscheidung entstehen säurehaltigen Verbindungen, diese beanspruchen die Anlagentechnik durch Korrosionsangriff. Darüberhinaus werfen die Handhabung sowie Neutralisierung dieser Substanzen immer neue Fragen auf.

2.4 Schichtcharakterisierung

Die Prüfungsmethoden zur Optimierung der abgeschiedenen Schichtsysteme lassen sich in die mechanischen Verfahren zur Charakterisierung der makroskopischen Eigenschaften und in die Verfahren der physikalischen Analytik bzw. mikroskopischen Eigenschaften einteilen. Im folgenden werden die in dieser Arbeit angewandten Verfahren zur Ermittlung der Schichteigenschaften beschrieben. Für einen detaillierteren Einblick wird auf die jeweils angegebene weiterführende Literatur verwiesen.

2.4.1 Mechanische Verfahren zur Charakterisierung von Schichten

Im Gegensatz zu massiven homogenen Körpern liegen dünne Schichten im µm-Bereich auf einem Grundmaterial vor. Dies hat zur Folge, daß einerseits nur wenig Schichtmaterial vorhanden ist und daß es andererseits zu einem Zusammenwirken von Schicht und Substrat kommt, welche eine eindeutige Zuordnung der Meßdaten zu Schicht oder Substrat erschwert. Zur Ermittlung der Eigenschaften von dünnen Schichten wie Härte, Reibwert, Verschleißwiderstand und Haftfestigkeit sind daher den Bedingungen angepaßte Methoden erforderlich, die sich zum Teil wesentlich von den Methoden zur Charakterisierung von homogenen Feststoffen unterscheiden /Jeh2/.

Mikro-Härte

Die Härte stellt in Bezug auf den Verschleißschutz eine wesentliche Eigenschaft dar. Bei der Vickers-Härtemessung wird eine Diamantpyramide mit einem Winkel von 136° mit definierter Kraft und Dauer in die Schicht gedrückt. Auf der Probe hinterbleibt ein Eindruck in Form eines Quadrats bzw. einer Raute (Bild 2.7).

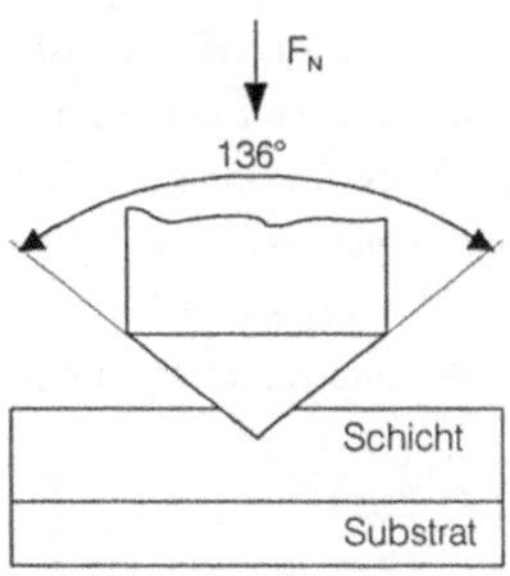

a

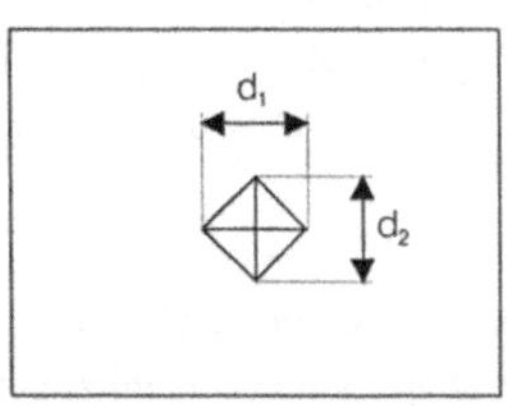

b

c

Bild 2.7: Prinzip der Mikro-Härtemessung a.) in der Schnittdarstellung, b.) in der Draufsicht, und c.) Beispiel eines Härteeindrucks in einer TiN-Schicht

Die Längen der beiden Diagonalen werden gemessen. Für die Bestimmung der Vickershärte *HV* wird der aritmethische Mittelwert aus diesen beiden Messungen gebildet. Die Vickershärte errechnet sich danach mit folgender Formel:

$$HV = 0{,}1891 \cdot \frac{F_N}{\left(\frac{d_1 + d_2}{2}\right)^2} \qquad (2.9)$$

Aufgrund der auf den Proben abgeschiedenen Schichten von nur 1 - 10 µm ergeben sich bei der Ermittlung des Härtewertes meßtechnische Probleme. Die Messung erfordert äußerst geringe Lasten um den Substrateinfluß möglichst gering zu halten. Nach DIN 50133 soll die Eindringtiefe des Vickersdiamanten kleiner als 1/10 der Schichtdicke sein. Die Eindringtiefe beträgt ca. 1/7 der Diagonallänge *d* /DIN1/.

Die Kraft und die Dauer des Eindringens müssen so gewählt werden, daß eine Messung der Diagonalen noch möglich ist. Wählt man die Parameter sehr klein, so erfüllt man zwar die Bedingung, daß die Eindringtiefe 1/7 - 1/10 der Schichtdicke beträgt, der Eindruck aber so unscharf wird, daß er meßtechnisch nicht mehr eindeutig zu erfassen ist. Werden die Parameter so gewählt, daß die Diagonalen gut meßbar sind, wird der Einfluß des weitaus weicheren Substrats immer größer und verfälscht den Meßwert. Grundsätzlich werden mit steigenden Lasten aus diesem Grund geringere Härtewerte gemessen /Den/. Diesem Umstand wird mit der Einführung der sogenannten „Universalhärte" begegnet. Dabei wird die Messung der Härte durch die Erfassung der Eindringtiefe beim Be- und Entlasten in einen elastischen und plastischen Anteil zerlegt /Jeh2/.

Scratch-Test

Der Scratch-Test (Ritz-Test) ist eine gebräuchliche Methode zur Charakterisierung der Haftfestigkeit von dünnen Hartstoffschichten. Die beschichtete Probe wird mit konstanter Geschwindigkeit unter einer Diamantspitze (Rockwell C-Diamant) bewegt, während gleichzeitig die Last auf die Diamantspitze zunimmt.

Bei einer bestimmten Last tritt ein Versagen der Schicht ein. Dieses ist durch mosaikartiges Brechen der Schicht in der Scratchspur oder durch Abplatzungen kleiner Schichtteile am Rand der Spur gekennzeichnet (Bild 2.8). Bei solchen Brüchen wird ein charakteristisches, akustisches Signal abgegeben und von einem Aufnehmer am Scratch-Test-Gerät registriert. Bei optimaler Aufzeichnung der akustischen Signale ergeben sich im allgemeinen gute Korrelationen zwischen ersten Signalen und lichtmikroskopisch beobachtbaren ersten Abplatzungen. Die Normalkraft, bei der diese akustische Emission erstmals auftritt, wird als kritische Last L_C bezeichnet. Die optische Auswertung der Scratchspur ist zur Überprüfung der akustischen Signale immer notwendig. Zusätzlich wird die Reibkraft F_R aufgezeichnet /Bur, Per/. Für die Prüfung von keramischen Schichten mit dem Scratchtestgerät existiert eine Europäische Vornorm /DIN2/.

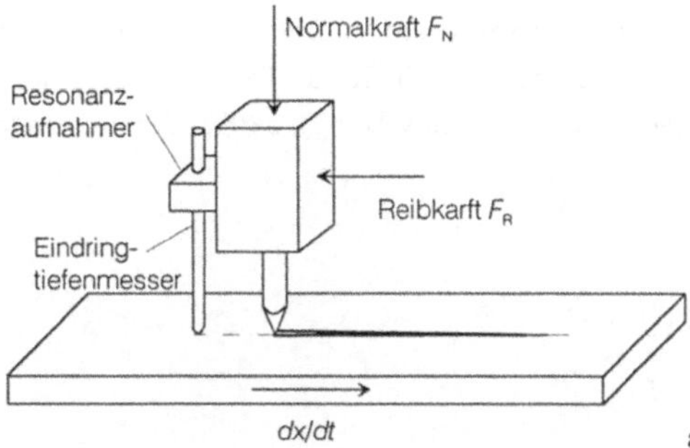

a

b

Bild 2.8: a.) Prinzip des Scratch-Test und b.) typische Schichtabplatzungen in der Scratchspur

Tribo-Test

Der Tribo-Test dient zur Charakterisierung des Reibungs- und Verschleißverhaltens von Werkstoffen. Der zeitliche Bewegungsablauf kann kontinuierlich rotierend oder oszillierend sein (Bild 2.9). Der rotierende Prozeß dient zur Untersuchung von Reibung und Verschleiß bei Gleitbeanspruchungen. Die Kennwerte können für Festkörperreibung ohne Schmierung und bei Grenz- oder Mischreibung mit flüssigen Schmierstoffen ermittelt werden. Somit können sowohl Werkstoff- als auch Schmierstoffuntersuchungen durchgeführt werden.

Beim Standard-Test (Pin on Disk) wird eine Kugel bzw. Stift mit einer definierten Normalkraft gegen eine mit konstanter Drehzahl rotierende Scheibe gedrückt. Beim Versuch wird die Normalkraft F_N konstant eingestellt und die Reibkraft F_R gemessen. Der Reibkoeffizient μ ergibt sich dann aus:

$$\frac{F_R}{F_N} = \mu \qquad (2.10)$$

Der oszillierende Prozeß erlaubt tribologische Untersuchungen von Reibung und Verschleiß bei schwingender Gleitbewegung. Prüf- und Gegenkörper werden horizontal angeordnet, mit einer definierten Normalkraft gegeneinander gedrückt. Der beschichtete Prüfkörper schwingt während die Kugel. bzw. der Stift feststeht. Durch die oszillierende Beanspruchung unterliegt die Probe einem Ermüdungsverschleiß (Schichtwalkung), der bei der rotierenden Bewegung nicht auftritt /DIN3/.

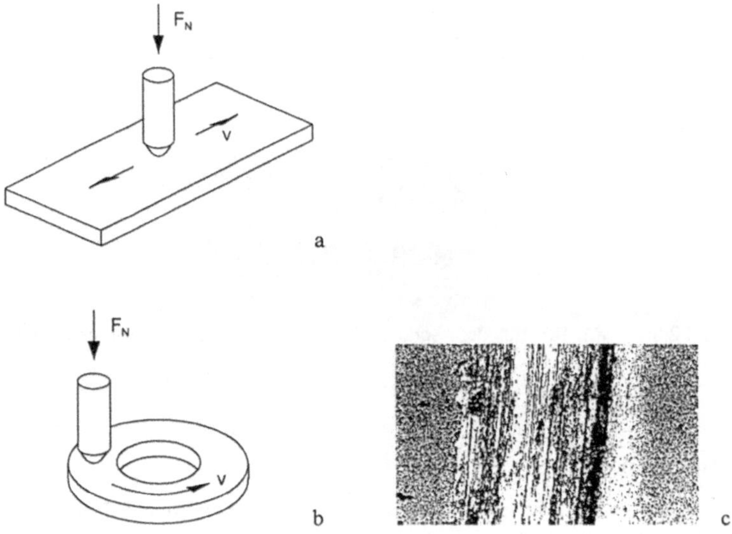

Bild 2.9: Prinzip des a.) oszillierenden Tribo-Test, b.) rotierenden Tribo-Test und c.) typische Verschleißspur nach einer rotierenden Beanspruchung

Calo-Test

Das Kalottenschleifverfahren ist ein metallographisches Prüfverfahren, bei dem ein kugelförmiger Schleifkörper in ein beschichtetes Meßobjekt eingeschliffen wird.

Die angeschliffenen Schichten stellen sich in der Draufsicht als konzentrische Kreise dar und lassen sich eindeutig einer entsprechenden Schicht zuordnen (Bild 2.10). Als Meßkriterium gilt die Differenz der Kreisdurchmesser. Wird der kugelförmige Schleifkörper an seiner Oberfläche mit einer Suspension aus Alkohol- und Diamantpaste benetzt, verringert sich das Polierrelief.

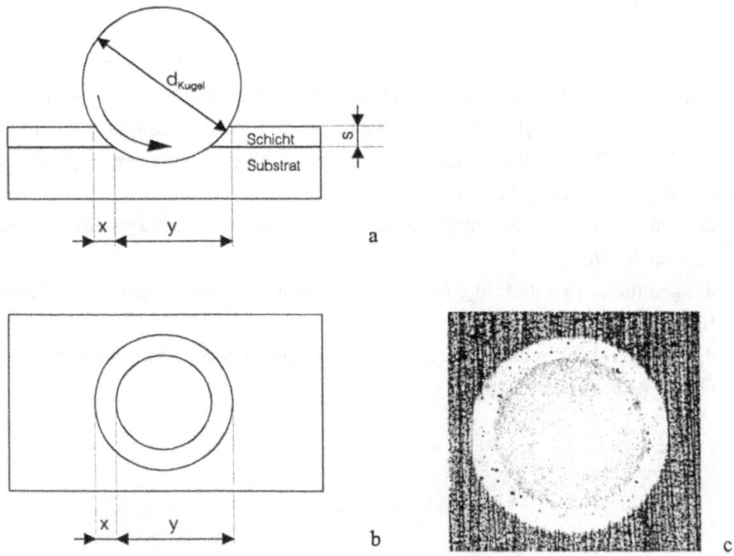

Bild 2.10: Prinzip des Calo-Test a.) in der Schnittdarstellung, b.) in der Draufsicht, und c.) Beispiel eines Kalottenschliffs in einer TiN-Schicht

Die Schichtdicke s berechnet sich als Quotient von Kugeldurchmesser d_{Kugel} und Produkt der Werte x und y zu:

$$s = \frac{x \cdot y}{d_{\text{Kugel}}} \tag{2.11}$$

Die Formel (2.11) stellt eine Vereinfachung dar. Der auftretende Fehler ist jedoch unter der Voraussetzung, daß x und y sehr viel kleiner als d_{Kugel} ist, vernachlässigbar. Für die Prüfung von Schichten mit dem Kalottenschleifverfahren existiert eine Europäische Vornorm /DIN4/.

Rauheitsmessung

Die Rauheit der Substratoberfläche ist von entscheidender Bedeutung für die Dünnschicht-technologie, denn sie beeinflußt fast alle Eigenschaften aufgebrachter Schichten. Unebenheiten sowie Spitzen oder Löcher vermindern die Beständigkeit von Einzelschichten oder Schichtsystemen, weil sie Ausgangsstellen für Schichtunterwanderungen bilden und somit Schichthaftung und Korrosionsverhalten verschlechtern. Darüber hinaus wird das Reibungsverhalten dünner Schichten ebenfalls durch Unebenheiten beeinflußt.

Die Begriffe Gestaltabweichung und Rauheit werden in DIN 4760 /DIN5/ festgelegt. Bis auf die Gestaltabweichung (Formabweichung und Welligkeit werden vom Grundkörper bestimmt) können die Begriffe auch auf Schichtoberflächen übertragen werden. Ebenfalls in DIN-Normen festgelegt, sind die wichtigsten Rauheitskenngrößen zur Oberflächenbeschreibung /DIN 6, DIN 7/. Zu den wichtigsten und am häufigsten angegebenen Rauheitskennwerten gehören (Bild 2.11):

- der Mittenrauhwert R_a, arithmetischer Mittelwert der Beträge aller Profilwerte vom Rauheitsprofil;
- die gemittelte Rauhtiefe R_z, Mittelwert aus den Einzelrauhtiefen Z_i aufeinanderfolgender Einzelmeßstrecken;
- die maximale Rauhtiefe R_{max}, diese ist die größte Einzelrauhtiefe innerhalb der Gesamtmeßstrecke.

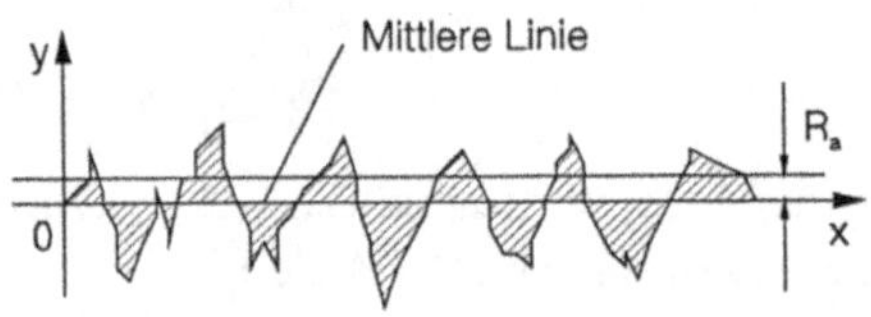

$$R_a = \frac{1}{l} \int_0^l |y(x)| \, dx$$

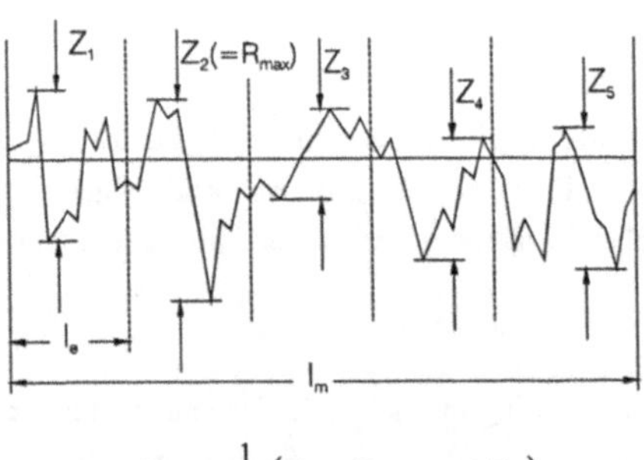

$$R_z = \frac{1}{n} \left(Z_1 + Z_2 + \ldots + Z_n \right)$$

Bild 2.11: Rauheitskennwerte nach DIN 4768 Teil 1

Es gibt eine Vielzahl verschiedenster Meßmethoden, die sich allgemein zwei großen Gruppen Verfahren zuordnen lassen. Die mechanisch abtastenden Verfahren und die optischen, berührungslosen Verfahren werden unterschieden. Die Auswahl eines geeigneten Meßverfahrens wird durch die Anschaffungskosten, die Meßgenauigkeit und die Meßgeschwindigkeit bestimmt.

Zu den am häufigsten verwendeten Verfahren gehören die mechanisch abtastenden Verfahren (Stylus Methode). Hierbei wird ein Taster (Diamantspitze mit definierter Geometrie) über die Oberfläche gezogen und seine vertikale Bewegungen werden gemessen, elektronisch verstärkt und dargestellt. Die kommerziell erhältlichen Geräte sind in der Abtastgeschwindigkeit, in der Meßlänge und der Vergrößerung verstellbar. Die Beschreibung des Aufbaus und der meßtechnischen Eigenschaften elektronischer Tastschnittgeräte, die erlaubten Toleranzbereiche sowie die Ermittlung von Rauheitsgrößen mit diesen Verfahren, sind in DIN-Normen /DIN8, DIN 9, DIN 10/ festgelegt.

Im Gegensatz zu den mechanisch abtastenden Methoden sind die auf optischen Prinzipien basierenden Meßmethoden nicht genormt. Die Vorteile der berührungslos messenden Verfahren liegen in der meist sehr hohen Meßgenauigkeit und Meßgeschwindigkeit sowie in der Vermeidung jeglicher Schichtschädigung. Diese Verfahren sind daher gut für die automatisierte Qualitätskontrolle geeignet /Jeh2/.

2.4.2 Physikalische Verfahren zur Analyse von Schichten

Die Verfahren der physikalischen Analytik dienen der Bestimmung von Art und prozentualem Anteil der Atome, der Bestimmung des Bindungszustands der nachgewiesenen Elemente und liefern Aussagen über die Kristallstruktur (Morphologie) und Topographie von dünnen Schichten. Die Methoden basieren allgemein auf der Wechselwirkung von energiereichen Primärteilchen (Elektronen, Ionen, Photonen) mit der Oberfläche von Festkörpern und der Registrierung der bei der Wechselwirkung entstehenden Sekundärstrahlung. Die Rasterelektronenmikroskopie (engl.: scanning electron microscopy, SEM) dient der Beurteilung der Schichtmorphologie und zur Elementaranalyse mittels energiedispersiver Röntgenanalyse (engl.: energy dispersive x-ray analysis, EDX) und wellenlängendispersiver Röntgenanalyse (engl.: wavelength dispersive x-ray analysis, WDX). Für detaillierte Aussagen über den kristallinen Aufbau der Schichten wird die Transmissionselektronenmikroskopie (transmission electron microscopy, TEM) angewendet. Die Textur der Schichten wird mit dem Verfahren der Elektronenbeugungsanalytik (engl.: selected area diffraction, SAD) ermittelt.

Rasterelektronenmikroskopie (SEM)

Die Rasterelektronenmikroskopie ermöglicht die Abbildung von Objekten mit etwa 25 bis 250.000-facher Vergrößerung. In einer Hochvakuumapparatur wird ein primärer Elektronenstrahl erzeugt. Dieser wird durch eine Spannung von 1 - 50 kV beschleunigt, durch elektromagnetische Kondensorlinsen gebündelt und von Ablenkspulen rasterförmig über das Probensegment geführt. Die Bildinformation liefern die von der Probe emittierten Sekundärelektronen. Diese werden von Detektoren erfaßt und steuern durch ihre Intensität die Helligkeit der Bildpunkte aus denen sich das Gesamtbild durch Synchronisation mit dem Primärelektronenstrahl ergibt. Das Bild besitzt eine hohe Tiefenschärfe, wobei die Auflösung bis in Bereiche von 10 nm reicht. Grundsätzlich läßt sich jedes Objekt abbilden, sofern es vakuumbeständig und die Oberfläche elektrisch leitend ist. Nichtleitende Objekte können nach dem Aufbringen elektrisch leitender Überzüge untersucht werden /Rei2/.

Energiedispersive und wellenlängendispersive Röntgenanalyse (EDX, WDX)

Die bei den REM-Untersuchungen auftretende Wechselwirkung zwischen Elektronenstrahl und Probenoberfläche führt unter anderem auch zu einer Emission von Röntgenstrahlung, die mittels des Verfahren zur Bestimmung der Schichtzusammensetzung genutzt wird. Durch den Primärelektronenstrahl werden Elektronen von inneren Schalen freigeschlagen. Diese freigewordenen Plätze werden durch Elektronen der äußeren Schalen aufgefüllt. Dabei entsteht die charakteristische Röntgenstrahlung. Diese Strahlung wird nach ihrer Energie (EDX) oder nach ihrer Wellenlänge (WDX) zerlegt. Die Auswertung des emittierten Röntgenspektrums kann für eine qualitative Analyse der chemischen Zusammensetzung der Probe genutzt werden /Fel/. Die energiedispersive Röntgenanalyse (EDX) mit Rechnerauswertung wird für die schnelle Analyse bevorzugt. Die wellenlängendispersive Röntgenanalyse (WDX) wird vor allem für leichte Elemente und für den Spurennachweis eingesetzt.

Transmissionselektronenmikroskopie (TEM)

Transmissionselektronenspektroskopie ermöglicht die kontrastreiche Abbildung von Gefüge, Schichtstrukturen und Kristallgittern in gedünnten Proben mit höchster Auflösung. Im Gegensatz zu SEM-Untersuchungen wird beim TEM die Probe direkt mit beschleunigten Elektronen durchstrahlt, und die Strahlabsorption und -ablenkung durch die Probe kann zur Analyse herangezogen werden. Selbst Schichten von wenigen Nanometern und feinste Strukturen in Schichten lassen sich erkennen und abbilden. Das TEM-Verfahren nutzt wie das SEM-Verfahren einen Elektronenstrahl zur Erzeugung der Primärelektronen. Die Beschleunigungsspannungen sind jedoch wesentlich höher und erfordern je nach Dicke und Atommasse der Probe 100 - 400 kV. Die Abbildung der durchstrahlten Probe ergibt sich im einfachsten Fall durch das Auftreffen der Elektronen auf einem fluoreszierenden Schirm /Gra/.

Elektronenbeugungsanalytik (SAD)

Die Standardmethode zur Erzeugung von Beugungsmustern beim Einsatz herkömmlicher TEM-Verfahren ist die Beugungsanalytik ausgesuchter Bereiche. Dabei wird eine Apertur benutzt, um den Bereich der durchstrahlten Probe zu begrenzen, von welchem die Beugungsmuster aufgenommen werden. Proben, die einen kristallinen Aufbau haben, erzeugen geordnete Muster, die eindeutige Aussagen über die Kristallstruktur der untersuchten Systeme ermöglichen (Bild 2.12).

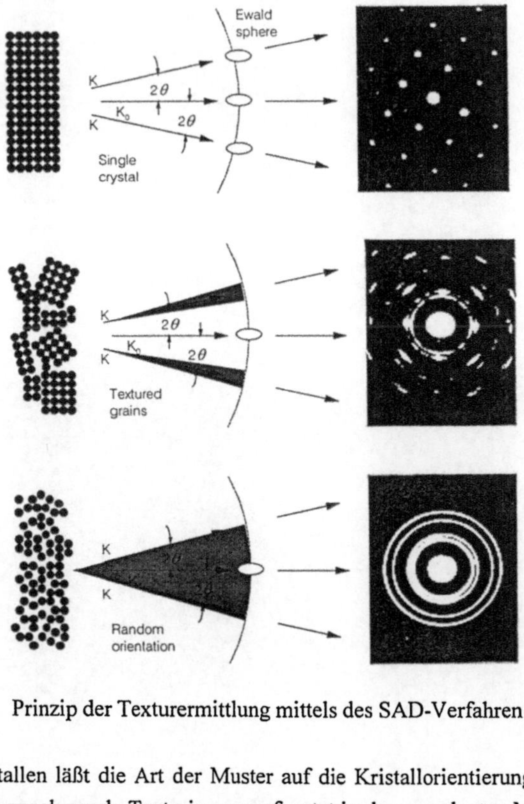

Bild 2.12: Prinzip der Texturermittlung mittels des SAD-Verfahren /Bun/

Bei Einkristallen läßt die Art der Muster auf die Kristallorientierung schließen. Weisen die Proben eine zunehmende Texturierung auf, setzt in den geordneten Mustern die Bildung von einem diffusen Ringmuster ein. Bei einer wahllosen Orientierung der Elemente in den Proben ist nur noch ein diffuses Ringmuster im Beugungsbild erkennbar. Der Vorteil von SAD gegenüber Röntgentechniken liegt in der genaueren Auflösung, die selbst Untersuchungen einzelner Kristallite erlaubt /Mur/.

3 Physikalische und physikalisch-chemische Grundlagen der Plasmabeschichtung

Da die Plasmabeschichtungsprozesse üblicherweise bei reduzierten Drücken und unter Anwendung von Gasentladungen stattfinden, wird zum besseren Verständnis der Vorgänge beim Beschichtungsprozeß eine Übersicht zu diesen Gebieten gegeben. Die im Plasma vorhandenen energiereichen Elektronen und angeregten Atome mit hoher innerer Energie ermöglichen Reaktionen, die im thermodynamischen Gleichgewicht erst bei wesentlich höheren Temperaturen möglich wären. Die möglichen Wechselwirkungen zwischen den Teilchen im Raum sind durch die Volumenreaktionen dargestellt. Die für die Schichtbildung relevanten Vorgänge werden durch die Oberflächenreaktionen beschrieben.

3.1 Vakuum und kinetische Gastheorie

Mit dem Begriff Vakuum werden Zustände in einem gasgefüllten Raum bei Drücken unterhalb des Atmosphärendrucks bezeichnet. Die Beschreibung der physikalischen Prozesse in verdünnten Gasen beruht auf der klassischen kinetischen Gastheorie. Diese stellt einen Zusammenhang zwischen den makroskopischen oder auch äußeren Parametern eines Gases wie dem Druck, der Temperatur und dem Volumen und den im Gas ablaufenden elementaren Bewegungen der Gasteilchen her. Da in verdünnten Gasen die Kräfte zwischen den Gasteilchen sowie deren Eigenvolumen gegenüber der Gefäßdimension vernachlässigbar sind, kann die Näherung des idealen Gases zur Beschreibung genutzt werden. Unter der Bedingung des thermodynamischen Gleichgewichts, das heißt, wenn im gesamten Volumen V der gleiche Druck p und die gleiche Temperatur T herrschen, gilt dann die Zustandsgleichung idealer Gase.

$$pV = NkT \tag{3.1}$$

Eine Beschreibung der elementaren Bewegungsvorgänge der Gasteilchen erfolgt mit der Teilchendichte n, der mittleren thermischen Geschwindigkeit $\bar{\upsilon}$, der Wandstoßrate ν_A, der Volumenstoßrate ν_V und der mittleren freien Weglänge λ der Gasteilchen.

Die Teilchendichte n ist die je Volumeneinheit V vorhandener Teilchenzahl N

$$n = \frac{N}{V} \tag{3.2}$$

Die Wandstoßrate ν_A der Gasteilchen ist direkt dem Druck p proportional. Sie gibt die Anzahl der Gasteilchenstöße pro Zeit- und Flächeneinheit gegen die das Gasvolumen begrenzenden Flächen an.

$$\nu_A = \frac{p}{\sqrt{2\pi\, m_0 kT}} \tag{3.3}$$

Die Stoßprozesse innerhalb des Gases sind unmittelbar an die Radien der stoßenden Teilchen gekoppelt. Die Volumenstoßrate ν_V ist dabei die Anzahl der Zusammenstöße, die ein Teilchen im Mittel pro Zeiteinheit erleidet. Sie berechnet sich nach

$$\nu_V = \sqrt{2}\,\pi n\, \bar{v}\left(r_1 + r_2\right)^2 \tag{3.4}$$

Große praktische Bedeutung hat die mittlere freie Weglänge λ. Sie gibt die Entfernungen an, die ein Gasteilchen im Mittel zwischen zwei Stößen zurücklegt.

$$\lambda = \frac{kT}{\sqrt{2}\,\pi p\left(r_1 + r_2\right)^2} \tag{3.5}$$

Mit der Hilfe der beschriebenen Größen erfolgt eine Einteilung und Charakterisierung der Vakua. Das Plasmanitrieren und die PACVD-Beschichtung erfolgen bei Drücken im Bereich des Feinvakuums. Die Tabelle 3.1 zeigt die charakteristischen Druckbereiche der Vakua in der Beschichtungstechnik und stellt diesen die inneren Parameter für Stickstoff bei Raumtemperatur gegenüber.

	Atmosphäre	Feinvakuum (PACVD)	Hochvakuum (PVD)	Ultrahoch-vakuum
Druck p [Pa]	10^5	10^2	10^{-1}	$< 10^{-5}$
Teilchendichte n [cm^{-3}]	$2 \cdot 10^{19}$	$2 \cdot 10^{16}$	$2 \cdot 10^{13}$	$< 2 \cdot 10^9$
Flächenstoßrate ν_A [$cm^{-2}s^{-1}$]	$3 \cdot 10^{25}$	$3 \cdot 10^{22}$	$3 \cdot 10^{19}$	$< 3 \cdot 10^{15}$
Volumenstoßrate ν_V [$cm^{-3}s^{-1}$]	$4 \cdot 10^{13}$	$4 \cdot 10^{10}$	$4 \cdot 10^7$	$< 4 \cdot 10^3$
Teilchendichte λ [cm]	$8 \cdot 10^{-6}$	$8 \cdot 10^{-3}$	8	$> 8 \cdot 10^4$

Tabelle 3.1: Druckbereiche und innere Parameter für Stickstoff bei Raumtemperatur /Rot/

Besteht eine Gasatmosphäre aus mehreren Gasen oder Dämpfen, ist der Gesamtdruck gleich der Summe der Einzel- oder Partialdrücke. Ebenso setzen sich die Gesamtteilchendichte sowie die Wand- und Volumenstoßraten additiv aus den jeweiligen Einzelgrößen zusammen /Jit, Rot/.

Eine weitere wichtige Kenngröße bei der chemischen Abscheidung aus der Gasphase ist die mittlere Verweilzeit t_m der an der Schichtbildung beteiligten Gase im Reaktor. Diese berechnet sich zu

$$t_m = \frac{V_R\, p}{\dot{V}_G\, 10^5} \tag{3.6}$$

Die mittlere Verweilzeit t_m wird auch als mittlere Gasaustauschzeit bezeichnet und ist abhängig vom Reaktorvolumen V_R, dem Druck p und dem Gesamtfluß der Reaktionsgase $\dot{V}_G$ /Ker/.

3.2 Plasma

Ein quasineutrales Gemisch aus freien Elektronen, Ionen und neutralen Teilchen eines Gases wird als Plasma bezeichnet. Die freien Ladungsträger im Plasma erhält man aus der Ionisation von neutralen Atomen. Dabei wird ein Elektron vollständig vom Atom getrennt, das dadurch zum positiven Ion wird. Damit ist eine Zunahme der Energie der Teilchen verbunden /Wil/.

Der Plasmazustand kann durch sehr hohe Temperaturen sowie durch die Wirkung von starken magnetischen und starken elektrischen Feldern erzeugt werden. Bei den Stoßprozessen zwischen energiereichen Elektronen und Gasatomen bzw. Molekülen wird Energie übertragen und es entsteht über elementare Reaktionen eine Vielzahl neuer Gasteilchenarten, wie z. B. metastabile, angeregte sowie freie Radikale, Ionen, Atome und Moleküle, die elektromagnetische Strahlung aussenden.

Damit das ionisierte Gas in einer Entladung als Plasma bezeichnet werden kann, muß die darin enthaltene Konzentration der positiven und negativen Ladungsträger annähernd gleich sein. Als Kriterium gilt die Erfüllung der Bedingung, daß die Abmessungen des Entladungsvolumens bedeutend größer sein müssen als die sogenannte Debye-Länge λ_D, die angibt, über welche Strecke ein Ladungsungleichgewicht existiert.

$$\lambda_D = \sqrt{\frac{\varepsilon_0 kT}{2 n_e e_0^2}} \tag{3.7}$$

Die Debye-Länge ist ein Maß für die Reichweite der Coulomb-Kräfte im Plasma. Innerhalb einer Kugel vom Radius λ_D um ein geladenes Teilchen ist die Bedingung der Quasineutralität gestört /Pul/.

3.2.1 Gleichstromgasentladung

Legt man an zwei Elektroden, die sich in einem Gas mit vermindertem Druck befinden, elektrische Gleichspannung an, erhält man die in Bild 3.1 dargestellte Strom-Spannungs-Charakteristik. Der Entladungsstrom kann dabei über den Widerstand R in weiten Grenzen variiert werden.

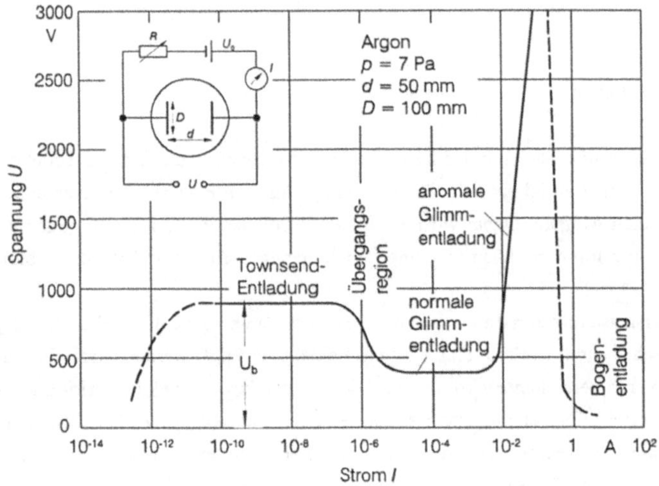

Bild 3.1: Strom-Spannungs-Charakteristik einer Gleichstromgasentladung /Hae, Fra/

Bei sehr geringen Stromstärken wird der Stromfluß durch freie Elektronen aufrecht erhalten, die durch Prozesse wie Strahlung im Gas vorhanden sind. Die dadurch entstandenen positiven Ionen driften entlang der Feldlinien zur Kathode und können ab einer bestimmten kinetischen Energie dort beim Auftreffen Sekundärelektronen erzeugen. Die Elektronen erhalten dabei im elektrischen Feld noch nicht genügend Energie, um Gasatome durch Stoß zu ionisieren. Wird die Spannung und damit die Feldstärke gesteigert, reicht die Energie der Elektronen, die diese im elektrischen Feld aufnehmen, aus, um Gasatome zu ionisieren. Dies ist ab der gasartabhängigen Ionisierungsenergie von etwa 5 bis 20 eV der Fall. Das bei jeder Ionisation zusätzlich erzeugte freie Elektron kann daraufhin ebenfalls im Feld Energie aufnehmen und weitere Gasatome ionisieren. Mit steigender Stromstärke schließt sich daran das Gebiet der Glimmentladung an, das mit einem Abfall der Brennspannung gegenüber der Zündspannung verbunden ist.

Im Bereich der normalen Glimmentladung ist die Stromdichte konstant, bei steigender Stromstärke vergrößert sich nur die von der Glimmentladung bedeckte Fläche auf der Elektrode. Wird die Stromstärke bei vollständiger Bedeckung weiter erhöht, steigt die Brennspannung wieder an und man erreicht das Gebiet der anomalen Glimmentladung, in dem der vorher konstante Kathodenfall ebenfalls ansteigt. Bei noch höheren Stromdichten schlägt die Glimmentladung in eine Bogenentladung um, bei der die Kathodentemperatur so weit ansteigt, daß die thermische Emission von Elektronen möglich wird. Vor der Kathode bildet sich ein positives Raumladungsfeld aus, der Kathodenfall, in dem die Elektronendichte wesentlich geringer als die Ionendichte ist (Bild 3.2).

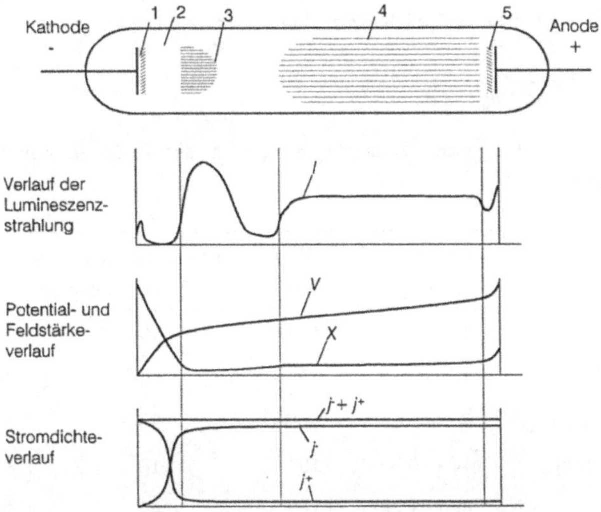

Bild 3.2: Verlauf der Lumineszenzstrahlung *I*, Potential *V*, Elektrische Feldstärke *X* und Stromdichte *j* in einer Gleichstromentladung /Fre2/. 1 Kathodenglimmlicht, 2 Dunkelraum, 3 negatives Glimmlicht, 4 positive Säule, 5 Anodenglimmlicht

Mit dem Raumladungsfeld ist ein steiler Potentialanstieg verbunden, in dem die Elektronen die zur Ionisation notwendige Energie aufnehmen. An die Kathodendunkelzone schließt sich das negative Glimmlicht an. In diesem Bereich steigen die Elektronen- und Ionendichte auf ihre höchsten Werte an. Anregung und Ionisation verlaufen in diesem Bereich am effektivsten. An den Faradayschen Dunkelraum schließt sich die neutrale Plasmasäule an, die auf positivem Potential gegenüber der Kathode liegt und in der nur eine geringe Feldstärke herrscht.

3.2.2 Ionisierungsgrad

Für Beschichtungszwecke dienen Plasmen in Gasen und Dämpfen vorzugsweise als Quellen geladener und aktivierter Teilchen. Die Schlüsselstellung nehmen dabei die Ionen ein, die schichtbildend oder modifizierend wirken. Die nötige Energie zur Erzeugung des Plasmazustands kann in Form von elektrischen Feldern, durch Mikrowellen, durch Laser oder durch Wärmezufuhr bereitgestellt werden. Technisch bedeutsam ist vor allem die Plasmaerzeugung mittels elektrischer Felder. Dabei werden Gleichspannungs-, gepulste Gleichspannungs- oder Wechselspannungsquellen verwendet. Der Charakterisierung des Plasmazustands dient der Ionisierungsgrad α_i, der den Anteil geladener Teilchen an der Gesamtzahl der Teilchen beschreibt. Dargestellt wird α_i aus dem Quotient der Teilchendichten von ionisierten Teilchen n_i und neutralen Teilchen n_n:

$$\alpha_i = \frac{n_i}{n_i + n_n} \tag{3.8}$$

Die Tabelle 3.2 zeigt typische Parameter einiger in der Plasma-Beschichtungstechnik eingesetzter Plasmen.

	Glimm-entladung	Glühkathoden-entladung	Hohlkathoden-bogentladung	Vakuum-bogenentlad.
Ionisierungsgrad α_i [%]	1	1 -5	10 - 50	20 -100
Ionendichte n_i [m^{-3}]	10^{12} - 10^{16}	10^{15} - 10^{16}	10^{17}	10^{16} - 10^{17}
Elektronenenergie E_e [eV]	2 - 5	3 - 12	2 -·4	1 -·3
Arbeitsdruck p [Pa]	10 - 10^3	10^{-1}	10^{-1}	< 10
Entlad.spannung U_e [V]	400 -·1500	100	40	20
Entlad.stromdichte j_e	1 - 30 Am^{-2}	1 - 5 Am^{-2}	100 -300 Am^{-2}	50 - 200 Am^{-2}

Tabelle 3.2: Typische Parameter von Plasmen, die in der Beschichtungstechnik eingesetzt werden /Rot/

Enthält das Plasma pro Volumeneinheit n_e Elektronen, so lautet die Bedingung der Quasineutralität $n_e = n_i \equiv n$, wobei n die Trägerdichte, d.h. die Anzahl der Trägerpaare pro m^{-3} bezeichnet. In den für das Plasmanitrieren und PACVD üblichen Glimmentladungen ist $n = 10^{12}...10^{16}$ m^{-3}. Der Ionisierungsgrad ist bei diesen Verfahren mit $\alpha \approx 1\%$ sehr gering /Rot/.

3.2.3 Elektronen- und Ionentemperatur

Die Temperaturen von Elektronen und Ionen sind in einem Niederdruckplasma verschieden. In der Plasmaphysik ist es üblich, der Teilchenenergie W durch die Relation

$$W = k\,T \tag{3.9}$$

der Temperatur T zuzuordnen. Als Energieeinheit wird das Elektronenvolt mit folgender Umrechnung in Kelvin verwendet.

$$1\ \mathrm{eV} = 1{,}6021 \cdot 10^{-19}\ \mathrm{J} \cong\ 11\ 605\ \mathrm{K} \tag{3.10}$$

Im Niederdruckplasma existiert kein thermisches Gleichgewicht zwischen seinen drei Komponenten. Die Temperatur der Elektronen ist groß gegen die Temperatur der Ionen und der Neutralteilchen: $T_e \gg T_i$, T_n d.h. das Niederdruckplasma ist nicht-isotherm (Bild 3.3).

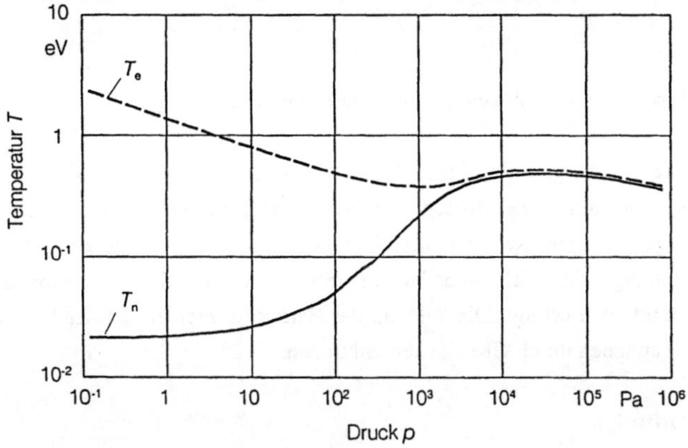

Bild 3.3: Elektronen T_e - und Gastemperatur T_n (in eV) in Abhängigkeit vom Druck bei konstantem Entladungsstrom /Cob/

Die innere Energie des nichtisothermen Plasmas ist damit wesentlich höher als die des Gases im thermischen Gleichgewicht bei gleicher Temperatur. Dies hat folgende Gründe:

– Die Elektronen nehmen im elektrischen Feld E viel rascher Energie auf als die Ionen. In der Zeit Δt gewinnt ein Elektron die kinetische Energie $(eE\Delta t)^2/2m_e$, ein Ion hiervon aber nur den Bruchteil $m_e/m_i \approx 10^{-4}$.

- Bei einem elastischen Stoß eines Elektrons gegen ein Neutralteilchen wird vom Energieüberschuß nur ein Bruchteil entsprechend der Massenverhältnisse $m_e/m_n \approx 10^{-4}$ auf das Neutralteilchen übertragen.
- Bei einem inelastischen Stoß eines Elektrons gegen ein Neutralteilchen in Form von Anregungs- oder Ionisierungsenergie kommt die Elektronenenergie vor allem dem abgetrennten Elektron zugute.
- Die positiven Ionen hingegen verlieren beim Stoß gegen ein Neutralteilchen wegen der praktisch gleichen Massen im Mittel die Hälfte ihres Energieüberschusses.

Die energiereichen Elektronen sind also dafür verantwortlich, daß bei niedriger Gastemperatur auf plasmachemische Weise Hochtemperaturprozesse ausgeführt werden können /Bad/. Im Hochdruckplasma, etwa im dichten und verhältnismäßig kalten Plasma einer Bogenentladung, stellt sich wegen der energieaustauschenden Stöße zwischen allen Plasmakomponenten ein thermodynamisches Gleichgewicht ein. Dieses Plasma ist isotherm /Hae/. Dies wird ebenfalls in dem in Bild 3.3 dargestellten Verlauf von T_e und T_n im Druckbereich von 10^4 Pa bis 10^6 Pa deutlich.

3.3 Grundlegende Vorgänge und Reaktionen

Im weiteren werden die grundlegenden Vorgänge beschrieben, die die Bildung der Diffusions- und Auflageschichten beeinflussen. Beim Plasmanitrieren sind dies vornehmlich Diffusionsvorgänge durch Zwischengitterplätze, Korngrenz- und Versetzungsdiffusion, wobei die Bereitstellung des diffusionsfähigen Stickstoffs durch Volumenreaktionen und Oberflächenreaktionen erfolgt. Die Bildung der Hartstoffschichten auf der Substratoberfläche erfolgt im wesenlichen durch Oberflächenreaktionen.

3.3.1 Diffusion

In einem System, in welchem örtliche Konzentrationsunterschiede vorliegen, findet ein Transport von Teilchen statt mit dem Bestreben, die Konzentration auszugleichen. Dieser Materietransport wird allgemein als Diffusion bezeichnet. Er tritt grundsätzlich in jedem Aggregatzustand auf, ist aber von System zu System in der Regel sehr unterschiedlich /Heu/. Eine quantitative Beschreibung dieser Transportvorgänge geht auf Adolf Fick zurück /Fic/.

Seine nach ihm benannte Gleichung hat für den Fall einer eindimensionalen Diffusionsrichtung (bzw. mehrdimensionale Diffusionsrichtung) die Form:

$$J_i = -D_i \frac{\partial c_i}{\partial x} \quad \text{bzw.} \quad \vec{J}_i = -D_i \text{ grad } c_i \tag{3.11}$$

Die 1. Ficksche Gleichung gibt mit J_i die Zahl der Teilchen der Atomsorte i an, die pro Zeiteinheit [s] durch die Einheitsfläche [m^2] in x-Richtung hindurchströmt. Dieser Teilchenstrom ist proportional zum Konzentrationsgefälle, wobei die Konzentration c in Teilchen bzw. Mole pro Volumeneinheit [m^3] anzugeben ist. Die Maßeinheit des Diffusionskoeffizienten D ergibt sich zu [m^2/s]. Bei bekanntem Diffusionskoeffizienten läßt sich also das Diffusionsverhalten innerhalb eines Systems, wie etwa in Flüssigkeiten oder in Gasen beschreiben. Dies setzt voraus, daß sich das Konzentrationsgefälle und damit auch die Teilchenstromdichte zeitlich konstant verhält. In der Regel sind aber diese Bedingungen nicht erfüllt. Vielmehr sind der Konzentrationsgradient und damit auch der Teilchenstrom von der Zeit und vom Ort abhängig. Zur Bestimmung der Diffusionskoeffizienten muß man nunmehr die sogennante 2. Ficksche Gleichung heranziehen.

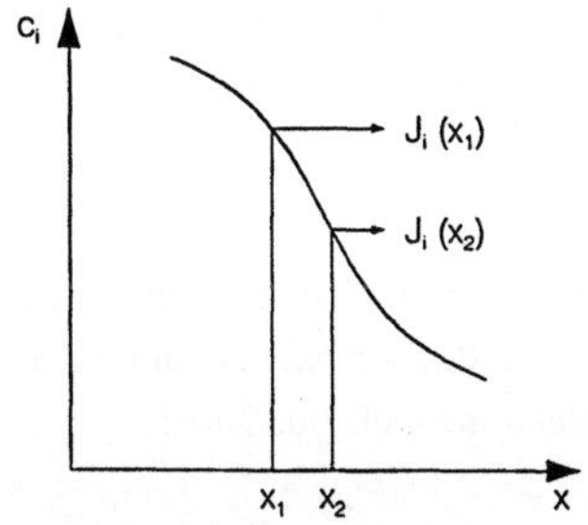

Bild 3.4: Schematische Konzentrations (c_i)- Weg (x)- Kurve

In Bild 3.4 ist eine typische Konzentrations (c_i)- Weg (x)- Kurve mit den Randbedingungen, unerschöpfliche Teilchenquelle und unendlich ausgedehnter Körper dargestellt. Die zugehörige Probe habe einen zur x-Richtung senkrecht liegenden, konstanten Einheitsquerschnitt. An der Stelle x_1 sei die Teilchenstromdichte $J_i(x_1)$, an der Stelle x_2 sei sie $J_i(x_2)$ mit $J_i(x_1) > J_i(x_2)$. Die Differenz der Teilchenstromdichten entspricht der Änderung der Teilchenzahl im Volumenelement $\Delta x = x_2 - x_1$. Daraus resultiert:

$$J_i(x_1) - J_i(x_2) = -\frac{\partial J_i}{\partial x}\Delta x = \frac{\partial c_i}{\partial t}\Delta x \tag{3.12}$$

Unter Berücksichtigung des 1. Ficksche Gesetzes, Gl. (3.11), ergibt sich aus Gl. (3.12).

$$\frac{\partial c_i}{\partial t} = \frac{\partial}{\partial x}\left(D_i \frac{\partial c_i}{\partial x}\right) \tag{3.13}$$

Gleichung (3.13) stellt das 2. Ficksche Gesetz dar. Wenn der Diffusionskoeffizient unabhängig von der Konzentration und damit auch vom Ort bleibt, vereinfacht sich Gl. (3. 13) zu

$$\frac{\partial c_i}{\partial t} = D_i \frac{\partial^2 c_i}{\partial x^2} \tag{3.14}$$

Die beiden letztgenannten partiellen Differential-Gleichungen dienen als Grundlage für die Bestimmung von Diffusionskoeffizienten /Heu/.

3.3.2 Volumenreaktionen

Die im Plasma vorhandenen energiereichen Elektronen und angeregten Atome mit hoher innerer Energie ermöglichen Reaktionen, die im thermodynamischen Gleichgewicht erst bei wesentlich höheren Temperaturen möglich wären. Die Wechselwirkungen zwischen den Teilchenspezies treten als Dissoziation, Anregung und Ionisation auf.

Dissoziation

Durch Zufuhr von thermischer Energie oder durch Kollision können die chemischen Bindungen in Molekülen aufgebrochen werden, d. h. das Molekül zerfällt, es dissoziiert. Die Reaktionsgleichung für die Dissoziation durch Elektronenkollision lautet:

$$\mathrm{AB} + e^- \rightarrow \mathrm{A} + \mathrm{B} + e^- \tag{3.15}$$

Molekül	Therm. Dissoziations-energie [eV]	Dissoziationsenergie durch Elektronenstoß [eV]
H_2	4,5	8,8
N_2	9,8	24,3
O_2	5,1	7,0
Cl_2	2,5	3,7

Tabelle 3.3: Dissoziationsenergie einiger Moleküle

Die Dissoziationsenergie einiger zweiatomiger Gase ist in Tabelle 3.3 dargestellt. Dabei ist die thermische Dissoziationsenergie und die Dissoziationenergie durch Elektronenstoß angegeben.

Anregung und Strahlungsabgabe

Führt man Atomen oder Molekülen Energie zu, erhöht sich deren kinetische sowie deren innere Energie. Die Zunahme an innerer Energie entsteht durch den Übergang eines Elektrons vom Grundzustand oder einem tieferen Energieniveau zu einem höheren Energieniveau. Dieser Vorgang wird als Anregung bezeichnet. Die Anregungsenergie kann durch Zufuhr thermischer Energie oder durch Kollision mit einem anderen Teilchen erfolgen. Die Reaktionsgleichung der Anregung durch Elektronenkollision lautet:

$$\mathrm{A} + e^- \rightarrow \mathrm{A}^* + e^- \quad \text{bzw.} \quad \mathrm{AB} + e^- \rightarrow \mathrm{AB}^* + e^- \tag{3.16}$$

Der angeregte Zustand wird in der Reaktionsgleichung durch A^* gekennzeichnet. Entsprechend den Stoßquerschnitten wird für die Anregung ein Reaktionsquerschnitt definiert. Dieser Reaktionsquerschnitt ist abhängig von der Elektronenenergie.

Angeregte Atome verlieren ihre höhere Energie im allgemeinen in kurzer Zeit wieder durch Abgabe eines Photons der entsprechenden Energiedifferenz. Diesen Sachverhalt beschreiben die beiden Postulate der Quantenmechanik /Bet/.

1. Die Atome existieren in stationären Zuständen mit diskreten Energien E_n. Die stationären Zustände sind strahlungslos.

2. Der Übergang von einem stationären Zustand E_n in einen anderen $E_{n'}$ erfolgt durch Aufnahme oder Abgabe von monochromatischer elektromagnetischer Strahlung in Form eines Photons der Energie:

$$\Delta E = |E_n - E_{n'}| = h\nu \tag{3.17}$$

Hierbei bedeuten h das Plank'sche Wirkungsquant und ν die Frequenz. Wenn diese Energieabgabe unmöglich oder unwahrscheinlich ist, liegt das Atom in einem metastabilen Zustand vor. Die Energieabgabe erfolgt dann durch Kollision mit einer festen Oberfläche oder mit einem anderen Molekül.

Ionisation und Rekombination

Wird einem Atom oder Molekül ein entsprechend hoher Betrag an Energie zugeführt, kann sich das am schwächsten gebundene Elektron vom Atomkern lösen. Dieser Vorgang wird als

Ionisation bezeichnet. Der Ionisationsvorgang kann vielerlei Ursachen haben. Wie bei der Anregung kann die Ionisation durch Zufuhr thermischer Energie oder durch Stoß mit einem anderen Teilchen erfolgen. Bei Atomen mit mehreren Elektronen existieren auch weitere Ionisationspotentiale entsprechend jedem weiteren abgetrennten Elektron.

Die Reaktionsgleichung für die Ionisation durch Elektronenkollision lautet:

$$A + e^- \rightarrow A^+ + 2e^- \quad (3.18)$$

Bei der Kollision eines sehr energiereichen Elektrons mit einem Molekül kann es zur dissoziativen Ionisation kommen:

$$AB + e^- \rightarrow A^+ + B + 2e^- \quad (3.19)$$

Kumulative Ionisation bedeutet die Ionisierung in mehreren Stufen. Trifft z.B. ein Elektron auf ein bereits angeregtes Atom, kann es zur kumulativen Ionisation kommen. Dafür ist eine entsprechend geringe Energie des Elektrons notwendig.

$$A + B \rightarrow A + B^{\bullet} \quad \text{folgt} \quad A + B^{\bullet} \rightarrow A + B^+ + e^- \quad (3.20)$$

Die Reaktionsquerschnitte der Ionisation sind abhängig von der Elektronenenergie. Die Ionisationsenergien für verschiedene Elemente sind in Tabelle 3.4 dargestellt.

Element	Ionisationsniveau					
	I [eV]	II [eV]	III [eV]	IV [eV]	V [eV]	VI [eV]
Argon	15,8	27,6	40,9	59,8	75,0	91,3
Kohlenstoff	11,3	24,4	47,9	64,5	392,0	489,8
Wasserstoff	13,6					
Eisen	7,9	16,2	30,6			
Stickstoff	14,5	29,6	47,4	77,5	97,9	551,9
Chlor	13,0	23,8	39,9			

Tabelle 3.4: Ionisierungsenergien der Ionisationsniveaus verschiedener Elemente

Ionisierte Teilchen können durch verschiedenen Prozesse wieder neutralisiert werden. Dieser Vorgang wird Rekombination genannt. Ein Rekombinationsprozeß kann bei der Kollision eines Ions mit einem Elektron stattfinden, z. B. bei der dissoziativen Rekombination:

$$AB^+ + e^- \rightarrow A^{\bullet} + B^{\bullet} \quad (3.21)$$

Bei der Kollision unterschiedlich geladener Ionen kann ebenfalls ein Rekombinationsprozeß stattfinden, z. B. die Rekombination mit Strahlungsabgabe:

$$A^{+} + B^{-} + \rightarrow AB + h\nu \qquad (3.22)$$

3.3.3 Oberflächenreaktionen

An Oberflächen, die in Kontakt mit dem Plasma stehen, treten verschiedene physikalische und chemische Reaktionen auf, die aus dem Beschuß mit Ionen und/oder Elektronen und der Diffusion neutraler Partikel resultieren.

Adsorption

Das Energiepotential an der Oberfläche eines Festkörpers ist immer höher als in seinem Inneren. Gasmoleküle, die sich an der Oberfläche anlagern, erniedrigen daher die freie Oberflächenenergie des Festkörpers. Aus der Erniedrigung des Energiepotentials der Oberfläche folgt eine Anziehungskraft auf die Gasmoleküle. Die Adsorption eines auftreffenden Moleküls erfolgt in zwei Stufen. Bei der physikalischen Adsorption (Physisorption) resultiert die Anziehung zwischen Molekül und Oberfläche aus Van der Waals-Kräften. Die Bindungsenergie der Physisorption ist relativ gering und liegt bei mehreren 100 J/mol. Die chemische Adsorption (Chemisorption) besitzt dagegen eine höhere Bindungsenergie, die im Bereich von 40 - 400 kJ/mol liegt.

Um ein Molekül vom physikalisch gebundenen Zustand in den chemisch gebundenen Zustand zu überführen, wird zusätzliche Energie benötigt. Bei Oberflächen, die sich in Kontakt mit dem Plasma befinden, wird diese Aktivierungsenergie durch den Beschuß mit Ionen oder Elektronen bereitgestellt. In den meisten Fällen erfolgt die chemische Bindung als dissoziative Chemisorption. Die Energie für die Dissoziation des gebundenen Moleküls liefert wiederum der Ionen- oder Elektronenbeschuß.

Die Wahrscheinlichkeit, daß ein auftreffendes Molekül an der Oberfläche adsorbiert wird, hängt von verschiedenen Faktoren ab. Trifft ein Molekül auf eine bereits besetzte Stelle der Oberfläche wird es nur relativ schwach gebunden und kann sehr leicht wieder desorbieren. Die Adsorptionswahrscheinlichkeit hängt daher vom Bedeckungsgrad der Oberfläche ab. Da die meisten Moleküle nach dem Aufprall noch Geschwindigkeitskomponenten parallel zur Oberfläche haben, können sie aber darauf noch laterale Bewegungen ausführen und möglicherweise freie Anlagerungsstellen finden. Desweiteren hängt die Adsorptionswahrscheinlichkeit ab von der Temperatur der Oberfläche, von deren Gitterorientierung und von der kinetischen Energie der Ionen (Bild 3.5).

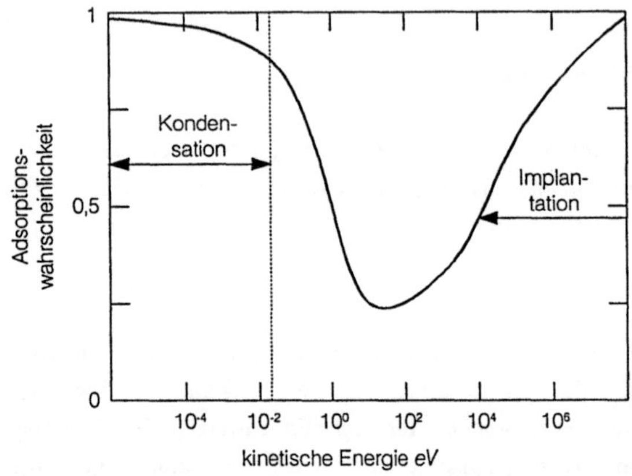

Bild 3.5: Adsorptionswahrscheinlichkeit in Abhängigkeit von der kinetischen Energie /Mit/

Bei niedrigen Energien ist die Kondensation als Physi- bzw. Chemisorption vorherrschend. Zu höheren Energien hin nimmt diese ab, da die überschüssige kinetische Energie vor der Adsorption erst abgebaut werden muß. Ab ca. 100 eV werden die auftreffenden Ionen in das Substratmaterial implantiert und können den Festkörper nicht mehr verlassen /Mit/.

Sputtern

Eine weitere Oberflächenreaktion ist das Sputtern. Dabei schlagen hochenergetische Gasionen durch Impulsübertrag Atome aus dem Kathodenmaterial heraus. Die Sputterrate, die den Quotient aus herausgeschlagenen Atomen je auftreffendem Ion beschreibt, ist abhängig von der Oberflächenstruktur, der Ionenmasse und der kinetischen Energie. Ab einer bestimmten Energieschwelle nimmt die Sputterrate mit steigender Energie zu. Elektronen können dagegen auch bei sehr hohen Energien keinen Sputtereffekt auslösen. Beim PACVD-Verfahren, bei dem die Substrate gewöhnlich als Kathode geschaltet sind, tragen positive Gasionen einen Teil der gebildeten Schicht durch diesen Prozeß wieder ab.

Implantation

Ab einer Teilchenenergie von 100 eV setzt der Prozeß der Implantation ein und wird ab Werten über 10 keV zum dominierenden Prozeß. Die Teilchen geben dabei in einer Vielzahl von stochastisch verlaufenden Stoßprozessen ihre Energie an einzelne Festkörperatome ab und werden abgebremst. Bis zum völligen Stillstand haben die Teilchen allerdings Strecken von einigen zehn Nanometern im Festkörper zurückgelegt. Der Weg des Teilchens ist durch Defekte der atomaren Struktur des Festkörpers markiert. Der Einbau der abgebremsten Teilchen führt ebenfalls zu Deformationen des ursprünglichen Atomgitters des Festkörpers. Die Gesamtanzahl der einfallenden Teilchen wird als Dosis bezeichnet. Die Implantationstiefe der Teilchen ist energie-, material- und dosisabhängig /Rot/.

3.3.4 Physikalisch-chemische Reaktionen

Die chemische Reaktionen bei der Bildung von Titannitridschichten (TiN) mittels des PACVD-Verfahrens laufen nicht nur in einer einzigen Phase ab, sondern die Reaktionspartner sind in verschiedenen Aggregatzuständen vorhanden. Systeme bei welchen, zwar alle Reaktionspartner in einer fluiden Phase enthalten sind, die Reaktionsprodukte jedoch zum Teil nicht in der fluiden Phase vorligen, werden als mehrphasige Reaktionssysteme bezeichnet. Bei der Abscheidung von TiN findet die chemische Umsetzung an der Grenzfläche zwischen einer fluiden und einer festen Phase statt; man spricht dann von einer heterogenen Reaktion. Da die Reaktionspartner im vorliegenden Fall auf mehr als eine Phase verteilt sind - TiN wird als Feststoff abgeschieden - wird diese Reaktion den nicht-katalysierten Reaktionen zugeordnet. Im Gegensatz dazu liegen im Fall einer katalysierten Reaktion alle Reaktionspartner in der fluiden Phase vor.

Die nicht-katalysierte heterogenen Reaktion zwischen einer festen und einer fluiden Phase unter Bildung einer neuen festen Phase, wie sie allgemein bei der TiN-Abscheidung mittels der CVD-Verfahren vorliegt, erfolgt in den folgenden Teilschritten:

1. Transport der Reaktionspartner in den Reaktor
2. Stoffübergang der Reaktionspartner von der Hauptströmung durch eine Grenzschicht an die äußere Oberfläche des Katalysators
3. Chemisorption eines oder mehrerer Reaktionspartner an der Katalysatoroberfläche
4. Chemische Reaktion der chemisorbierten Spezies miteinander oder mit Reaktionspartnern aus der fluiden Phase unter Bildung chemisorbierter Reaktionsprodukte
5. Teilweise Desorption der chemisorbierten Produkte
6. Stoffübergang der fluiden Reaktionsprodukte von der Phasengrenzfläche in die Hauptströmung
7. Abtransport der fluiden Reaktionsprodukte aus dem Reaktor über das Pumpsystem.

Die Geschwindigkeit, mit der eine chemische Umsetzung in einem mehrphasigen System abläuft, wird im Prinzip stets durch das Zusammenwirken der Geschwindigkeiten von chemischer Reaktion und physikalischen Transportvorgängen bestimmt; als Grenzfall kann dabei der eine oder andere Vorgang geschwindigkeitsbestimmend sein /Fit/.

Eine "ideale" Kennlinie für einen thermischen CVD-Prozeß ist in Bild 3.6 gezeigt. Bei niedrigen Temperaturen (Bereich I) wird der Abscheideprozeß durch die an der Oberfläche ablaufende Reaktion bestimmt. Die Abscheidung wird dann durch ein Arrheniusgesetz beschrieben:

$$\dot{s} = \dot{s}_0 \exp\left(\frac{-E}{RT}\right) \tag{3.23}$$

mit E: Aktivierungsenergie,
R: allgemeine Gaskonstante.

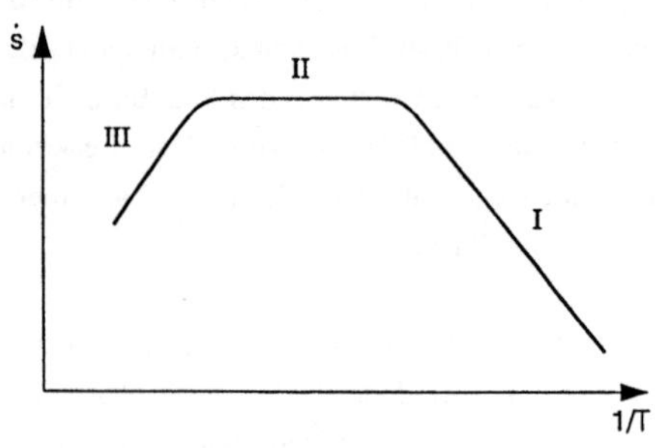

Bild 3.6: „Ideale“ CVD-Charakteristik

Bei höheren Temperaturen werden die Reaktionsgeschwindigkeiten an der Oberfläche so schnell, daß die Abscheidung durch den Transport durch die Gasphase bestimmt wird. In diesem Bereich ist die Abscheiderate und die Gleichmäßigkeit der Schicht durch die Strömung im Reaktor bestimmt und die Abscheidung annähernd temperaturunabhängig (Bereich II). Bei noch höheren Temperaturen (Bereich III) wird die Abscheidung durch homogene Reaktionen in der Gasphase kontrolliert, die schließlich zu Pulverbildung führen kann /Wah/.

4 Versuchsaufbau zur Schichtherstellung

Die Plasmanitrier- und Beschichtungsversuche wurden in der nachfolgend beschriebenen Anlage durchgeführt. Dabei wurde eine konventionelle Plasmanitrieranlage (Herstellerfirma Eltropuls, D-Baesweiler, Heißwandhaubenofen, Nutzvolumen D = 600 mm x H = 900 mm, Heizleistung ca. 50 kW, Stromversorgung ca. 25 kVA) zu einer PACVD-Anlage weiterentwickelt, so daß eine Plasmanitrierung und anschließende plasmaunterstützte CVD Hartstoffbeschichtung in einem Verfahrensablauf vorgenommen werden kann. Um die Voraussetzung für das eigentliche Arbeitsziel - die Kombinationsbeschichtung - zu schaffen, mußten umfangreiche und aufwendige Vorversuche mit unterschiedlichem apparativem Aufbau durchgeführt werden. Nachfolgend werden nicht alle vorgenommenen Maßnahmen, sondern nur noch die erfolgreich eingesetzten Apparatekombinationen beschrieben.

4.1 Versuchsaufbau zum Plasmanitrieren und PACVD

Die Versuchsanlage zur Kombinationsbehandlung besteht aus den Komponenten: Vakuumkammer mit Heizelementen, Vakuumpumpen mit Abgasreinigungssystem, Spannungsversorgung mit Bedienungs- und Steuerungseinheit, Gasmischanlage und $TiCl_4$-Verdampfer. Eine Aufnahme der Versuchsanlage ist in Bild 4.1 abgebildet. Der schematische Aufbau der Anlage sowie der Meß-, Steuer- und Regel-Plan, ist in Bild 4.2 und Bild 4.3 dargestellt.

Bild 4.1: Abbildung der Versuchsanlage

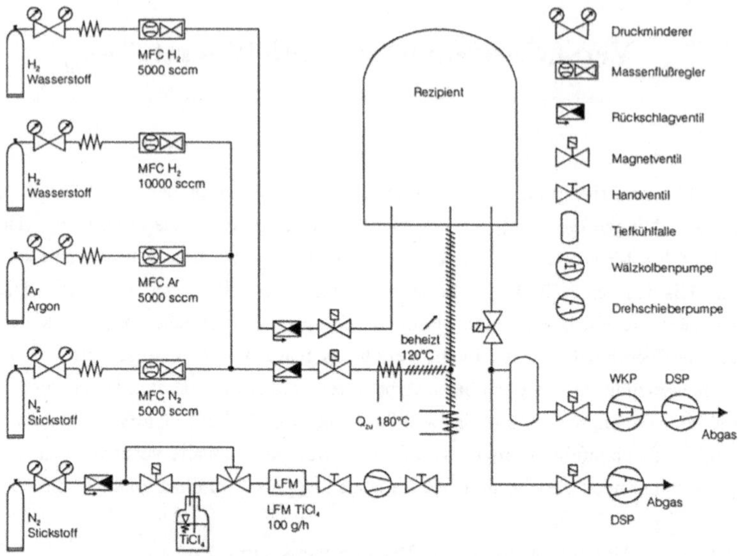

Bild 4.2: Schematische Aufbau der PACVD-Anlage

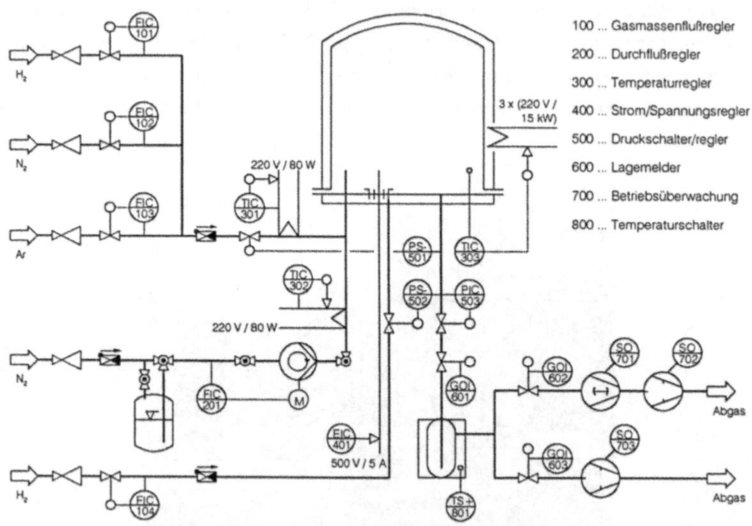

Bild 4.3: Meß-, Steuer- und Regel-Plan der PACVD-Anlage

4.1.1 Gasversorgung

Das Gasmisch- und Regelsystem ist vollständig in Edelstahl ausgeführt. Die Gase werden durch Massenflußregler dosiert dem Gasmischsystem zugeführt. Das Gasgemisch wird dann über einen $TiCl_4$-Verdampfer geleitet in welchem das $TiCl_4$ verdampft und zugemischt wird. Um ein Kondensieren des $TiCl_4$ auf dem Weg zur Reaktorkammer zu verhindern, sind die Rohre beheizt und besitzen eine Temperatur von ca. 120°C. Die $TiCl_4$-Menge wird durch eine Schlauchpumpe dosiert. Nach dem Beschichtungsvorgang wird das Leitungssystem durch ein Spülgas gereinigt.

Gaszuführung und Absaugung

Als Arbeitsgase stehen die Gase Stickstoff (N_2), Wasserstoff (H_2) und Argon (Ar) zur Verfügung. Diese werden handelsüblichen Gasflaschen entnommen. Durch Druckminderer direkt an der Gasflasche wird der Druck auf 1,0- 1,5 bar Überdruck begrenzt. Die Regelung des Durchsatzes erfolgt über Massenflußregler (Mass-Flow-Controller, MFC), deren Flußmenge über die Anlagensteuerung vorgegeben werden.

Sämtliche Arbeitsgase werden in einem Sammelrohr zusammengeführt. Das Gasgemisch wird durch eine beheizte Rohrwendel (180°C) vorgewärmt und einer Mischkammer zugeführt, wo es sich mit dem dampfförmigen $TiCl_4$ vermischt. Der weitere Weg des Gemisches zum Vakuumbehälter ist nun mit elektrischen Heizbändern beheizt, um eine Kondensation des $TiCl_4$-Dampfes zu verhindern. Die isolierten Rohrleitungen weisen eine Temperatur von ca. 120°C auf.

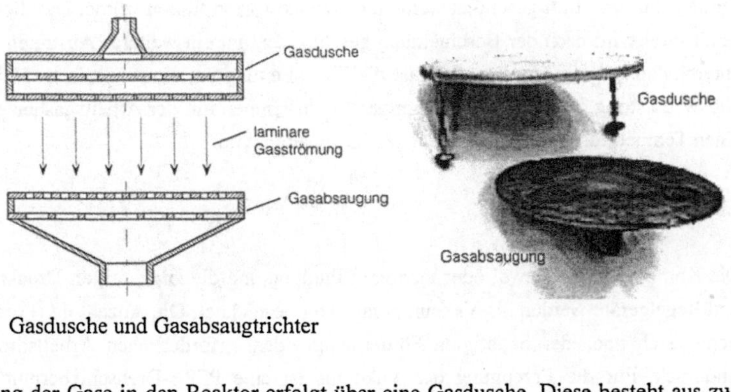

Bild 4.4: Gasdusche und Gasabsaugtrichter

Die Einleitung der Gase in den Reaktor erfolgt über eine Gasdusche. Diese besteht aus zwei übereinander angeordneten Lochblechen. Das erste Lochblech dient vor allem dem

Impulsabbau, während das zweite den Gasstrom gleichmäßig über die zu beschichtende Fläche verteilt. Um eine gleichmäßige laminare Strömung zu erreichen, ist ein Absaugtrichter, der von einem Lochblech abgeschlossen wird, über dem zentralen Absaugrohr installiert. Eine Skizze der Gasdusche und des Gasbabsaugtrichters zeigt Bild 4.4.

Wasserstoffspülung

Um ein Abscheiden von leitenden Schichten an der Isolation zwischen Anode und Kathode zu verhindern, wird die Vakuumstromdurchführung der Kathode von innen mit Gas gespült. Als Spülgas wird Wasserstoff verwendet. Die Steuerung des Spülgasflusses erfolgt ebenfalls über die Anlagensteuerung (Maximalwert: 100 l/h). Trotz des Spülgases müssen die Keramikscheiben regelmäßig ausgetauscht oder durch Sandstrahlen gereinigt werden. Durch den Einsatz eines geeigneten Abschirmbleches gelingt es die Wartungsintervalle für die Keramikscheiben wesentlich zu verlängern.

$TiCl_4$-Zuführung

Die Zuführung des $TiCl_4$ erfolgt direkt aus der Versandflasche, die einen Deckel mit drei Schlauchanschlüssen für N_2-Vordruck, $TiCl_4$-Entnahme und -Befüllung aufweist. Durch den N_2-Vordruck von etwa 1,5 bar wird das $TiCl_4$ durch einen 15 µm-Filter und einen Liquidflowmeter (LFM, Hitech) bis zur Schlauchpumpe gefördert. Über die Drehzahl der Schlauchpumpe, welche an der Anlagensteuerung eingestellt werden kann, wird der $TiCl_4$-Fluß geregelt. Über den LFM wird der genaue Durchfluß des $TiCl_4$ auf dem Anzeigefeld der Anlage angezeigt. Soll ein Schlauch an der Schlauchpumpe ausgetauscht oder durch einen größeren ersetzt werden, kann der LFM durch Schließen eines Handventils vor dem Kontakt mit Luft geschützt werden, der zu Korrosion führen würde. Das diesem folgende Handventil wird nach der Beschichtung geschlossen, um ein weiteres Austreten von $TiCl_4$ zu unterbinden. Für die Verdampfung ist die $TiCl_4$-Leitung um eine elektrische Heizpatrone mit 200 W Leistung gewickelt, deren Temperatur zusammen mit der Arbeitsgasheizpatrone durch einen Temperaturregler konstant auf 180°C gehalten wird.

4.1.2 Pumpstand

Die Kombination aus zwei oder mehreren Pumpen und die zugehörigen Druckmeß- ,Steuer- und Regelgeräte werden als Vakuumpumpstand bezeichnet. Die Anzahl der Pumpstandstufen richtet sich nach der benötigten Fördermenge, dem erforderlichen Arbeitsdruck und dem Enddruck. Für die Erzeugung des Vakuums ist eine PFPE-Drehschieberpumpe mit einer PFPE-Wälzkolbenpumpe kombiniert (Bild 4.5).

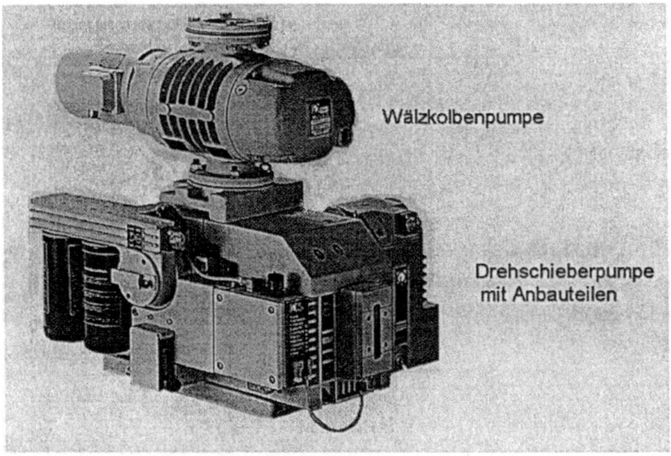

Bild 4.5: Abbildung der eingesetzten Pumpenkombination

Wälzkolbenpumpen können normalerweise nicht gegen Atmosphärendruck fördern. Deshalb wird in einem Wälzkolbenvakuumpumpstand immer eine sogenannte Vorpumpe für die Gasverdichtung gegen die Atmosphäre eingesetzt. Die Pumpenkombination ist von der Anlagensteuerung getrennt. Desweiteren ist zwischen Kammer und Pumpstand ein Hochvakuumschieber angebracht. Dieser ermöglicht es, die Pumpen auch dann weiter zu betreiben, wenn die Anlage mit Proben befüllt, die Tiefkühlfalle gereinigt oder sonstige Arbeiten bei ausgeschalteter Anlage durchgeführt werden. Der ständige Betrieb der Pumpen verhindert vor allem deren Korrosion und sorgt für eine stetige Reinigung des PFPE-Pumpenöls über die Ölfilter. Das erreichbare Endvakuum beträgt $<1 \times 10^{-3}$ mbar.

Drehschieberpumpe

Für die Versuche kam eine zweistufige Drehschieberpumpe der Firma Leybold vom Typ Trivac D 65 BCS-PFPE zum Einsatz. Sie besitzt ein Saugvermögen von 65 m^3/h. Drehschieberpumpen bestehen aus einem zylindrischen Gehäuse, in dem sich ein exzentrisch gelagerter, geschlitzter Rotor dreht. Der Rotor enthält meist durch Fliehkraft, aber auch durch Federn auseinandergedrückte Schieber, die an der Gehäusewand entlanggleiten und dabei die an der Saugöffnung eingedrungene Luft vor sich herschieben, um sie schließlich durch das ölüberlagerte Auspuffventil aus der Pumpe ausstoßen.

Mit zweistufigen ölüberlagerten Pumpen lassen sich niedrigere Arbeits- und Enddrücke erreichen als mit entsprechenden einstufigen Pumpen. Der Grund liegt darin, daß bei einstufigen Pumpen das zwangsläufig mit der äußeren Atmosphäre in Berührung kommende Öl aus dieser Gas aufnimmt, das während des Ölumlaufs dann auch teilweise vakuumseitig entweicht, und somit den erreichbaren Enddruck begrenzt. Für den Betrieb der Drehschieberpumpe sind aufgrund der beim Prozeß entstehenden säurehaltigen Gase einige Anbauteile notwendig:

- Auspuffilter mit Schmiermittelrückführung. Er sammelt das im Gehäuse abgeschiedene Öl. Beim Anstieg über ein bestimmtes Niveau öffnet ein eingebautes Schwimmerventil und gibt die Ansaugöffnung frei, so daß das Öl zurück in das Pumpengehäuse gelangt.
- Chemiefilter mit Sicherheitstrennventil. Hierbei handelt es sich um einen Hauptstrom-Schmiermittelfilter mit optischer Anzeige des Filterzustandes. Durch ein Trennventil kann der Filterwechsel bei laufender Pumpe vorgenommen werden. Die Ölfilter haben sowohl chemische als auch mechanische Wirkung.
- Moisture-Barrier-System (Feuchtigkeitssperre). Es verhindert das Rückströmen von Feuchtigkeit in das Pumpsystem und bewirkt somit längere Filterstandzeiten und eine Ausdehnung der Wartungsintervalle.

Rootspumpe

Eine Rootspumpe ist eine Drehkolbenpumpe, bei der sich im Pumpengehäuse zwei symmetrisch gestaltete Rotoren gegeneinander berührungsfrei drehen. Die beiden Rotoren haben ungefähr einen 8-förmigen Querschnitt und sind durch ein Zahnradgetriebe synchronisiert. Die Spaltbreite zwischen den Kolben und Gehäusewand und zwischen den Kolben untereinander beträgt wenige Zehntel Millimeter. Deshalb können Rootspumpen ohne Verschleiß mit hohen Drehzahlen laufen.

Im Gegensatz zu Drehschieberpumpen sind die Wälzkolbenpumpen nicht ölüberlagert, so daß die prinzipielle innere Undichtheit trockenlaufender Pumpen dazu führt, daß sich nur maximale Kompressionsverhältnisse in der Größe von 10-100 mbar erreichen lassen. Die innere Undichtheit der Wälzkolbenpumpen resultiert daraus, daß bestimmte Oberflächenanteile des Schöpfraumes infolge des Arbeitsprinzips wechselweise der Saugseite und der Verdichtungsseite der Pumpe zugeordnet sind. Während der Verdichtungphase werden die Oberflächenanteile mit Gas beladen; während der Saugphase wird dieses Gas wieder abgegeben.

Die Wälzkolbenpumpe des Pumpstandes besitzt ein Saugvermögen von 500 m^3/h. Wie die Drehschieberpumpe ist auch diese Pumpe eine PFPE-Pumpe, vom Typ Leybold Ruvac WS PFPE 501. Hierbei handelt es sich um eine schnellaufende luftgekühlte Pumpe, die von einem Spaltrohrmotor angetrieben wird. Beim Spaltrohrmotor werden Rotor und Statorwicklungen durch einen vakuumdichten Topf (Spaltrohr) aus unmagnetischen Material getrennt. Der Motor läuft im Vakuum auf der Antriebswelle der Pumpe, somit kann eine Wellendurchführung zur Atmosphäre entfallen.

Perfluorierter Polyether (PFPE) als Dicht- und Schmiermittel

Bei ölüberlagerten Verdrängerpumpen, aber auch bei anderen Vakuumpumpen dient der Ölvorrat zur Schmierung und Abdichtung, sowie zum Ausfüllen schädlicher Räume und zum Abführen der Kompressionswärme, also zur Kühlung. Vakuumpumpen mit perfluoriertem Polyether (PFPE) als Dicht- und Schmiermittel werden zum Fördern von extrem aggressiven oder korrosiven Medien eingesetzt. Desweiteren zum Fördern von Sauerstoff, falls die Konzentration Atmosphärenkonzentration übersteigt.

Eigenschaften von PFPE-Ölen:

- Sie sind thermisch stabil; auch bei Anwesenheit von Luft zersetzen sie sich erst bei Temperaturen von über 350°C.
- Sie sind chemisch inert. Sie reagieren nicht mit Stickstoffoxiden, Säuredämpfen oder reinem Sauerstoff.
- Sie halten Schmutzpartikel schlechter in der Schwebe als Mineralöle. Eventuell in die Pumpe gelangte Schmutzpartikel können sich deshalb in der Pumpe ablagern und zu Schäden führen. Daher müssen PFPE-Pumpen immer mit geeigneten Ölfiltereinrichtungen betrieben werden.

4.1.3 Reaktor

Die Vakuumkammer ist als Heißwandschachtofen ausgeführt. Er besitzt ein nutzbares Volumen von 600 mm Durchmesser und 1000 mm Höhe (Bild 4.6). Konzipiert wurde der Reaktor für eine Plasmanitrieranlage. Eine Wandheizeinrichtung mit drei einzeln geregelten Heizzonen und der entsprechenden Isolierung ist installiert. Die Heizung hat eine Leistung von ca. 50 kW, die maximale Wandtemperatur beträgt 800 °C. Dadurch kann die für den Prozeß erforderliche Temperatur unabhängig von der eingebrachten Plasmaleistung eingestellt werden. Die Temperaturmessung erfolgt über zwei Thermoelemente, die in situ die Substrattemperatur erfassen.

Um das Volumen zu verkleinern und damit kürzere Verweilzeiten der Arbeitsgase im Reaktor zu erreichen, können Behälter im Innern des Reaktors angebracht werden. Diese sind aus Edelstahl gefertigt und vakuumdicht. Die Wanddicke beträgt 3 mm, Boden und Deckel jeweils 7 mm (berechnet nach AD-Merkblatt). Je eingebrachtem Behälter verringert sich das

Volumen um ca. 100 Liter. Jedoch kann die Anlage dann nicht mehr auf ihre Maximaltemperatur von 800°C aufgeheizt werden, da die Behälter nur für Temperaturen von 600°C ausgelegt sind.

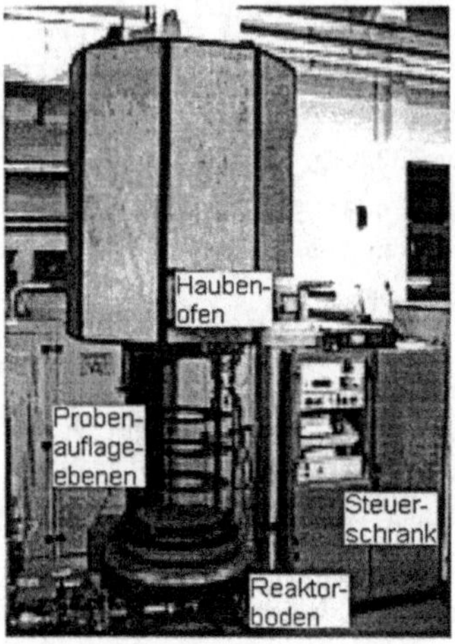

Bild 4.6: Abbildung des geöffneten Reaktors

Anlagensteuerung

Von der Anlagensteuerung werden Wand- und Werkstücktemperatur, Reaktordruck, Magnetventile, Schlauchpumpendrehzahl sowie die Gasflußregler überwacht und gesteuert. Die Stellung der Magnetventile wird durch die Betriebsoption festgelegt. Die Pumpen sind von der Anlagensteuerung getrennt, damit sie auch bei Stillstand der Anlage weiterlaufen können. Die Steuerprogramme sind auf ROM's gespeichert. Desweiteren wird der Prozeßablauf über einen Microcontroller überwacht und gesteuert. Die für den Prozeß charakteristischen Parameter werden an einem Display angezeigt und können in ihrem zeitlichen Verlauf über einen Drucker dokumentiert werden.

Spannungsversorgung

Die geerdete Kammerwand ist als Anode, die Substrate als Kathode der Gleichstromglimmentladung geschaltet. Für die Erzeugung und Aufrechterhaltung des Plasmas wird eine gepulste Gleichspannungsquelle (Magpuls 1000, Fa. Magtron) eingesetzt.

Die Stromversorgung mit einer Leistung von 50 kW erzeugt Spannungen von 0-1000 V bei einer maximalen Pulsfrequenz von 25 kHz.

Die Hochspannung wird durch keramische isolierte Vakuumdurchführungen an die zur Aufnahme der Proben vorgesehenen Chargiereinrichtung angelegt. Zur Verhinderung von Überbeschichtung der Keramikhochspannungsstutzen und den daraus resultierenden Stromüberschlägen werden diese beim Beschichtungsprozeß mit einem konstanten Gasfluß gespült. Der zur Steuerung eingesetzte Microcontroller der Spannungsversorgung erkennt schnelle Stromanstiege (Bogenentladungen) und veranlaßt eine Schnellabschaltung, so daß eine Schädigung der Substrate vermieden wird.

4.1.4 Abgasbehandlung

Die Abgasbehandlung wird oftmals als nicht direkt für den Beschichtungsablauf notwendige Anlagentechnik verstanden. Für den Gesamtarbeitsprozeß ist diese jedoch von großer Bedeutung. Die in den Abgasen vorhandenen Schadstoffe werden zwischen Kammer und Pumpstand durch eine Tiefkühlfalle ausgefroren. Zur Reinigung der Tiefkühlfallen wurde ein Laborabzug mit Neutralisiereinrichtung für Abluft und Abwasser installiert.

Tiefkühlfalle

Um die beim Prozeß entstehenden Schadstoffgase, wie Salzsäuregas und restliches nicht reagiertes $TiCl_4$ auszufrieren, wurde zwischen Kammer und Pumpstand eine Tiefkühlfalle installiert. Tiefkühlfallen werden in der Regel mit flüssigem Stickstoff (LN_2) befüllt, dadurch wird an der Oberfläche des Ausfrierkörpers eine Temperatur von ca. -196 °C erreicht.

Den Aufbau der Tiefkühlfalle zeigt Bild 4.7. Die Wandstärke des inneren Rohres beträgt nur 0,3 mm. Eine höhere Wandstärke hätte eine höhere Wärmeleitung über die Außenwand der Tiefkühlfalle zur Folge und würde zu geringeren Standzeiten führen.

Die Standzeit der Tiefkühlfalle, d. h. die Zeit bis sämtlicher Stickstoff in den gasförmigen Zustand übergegangen ist, beträgt bei der eingesetzten Tiefkühlfalle ca. 4 Stunden. Danach verdampfen die angefrorenen Substanzen wieder und können Schäden am Pumpstand hervorrufen. Da die Standzeit auch vom Kammerdruck abhängt, (geringerer Druck um die Tiefkühlfalle bedeutet geringere Wärmeleitung, damit bessere Isolation und höhere Standzeit) befindet sich an der Tiefkühlfalle ein Temperatursensor. Steigt die Temperatur über eine am Anzeigeninstrument eingestellten Mindesttemperatur wird ein optisches und akustisches Signal ausgelöst.

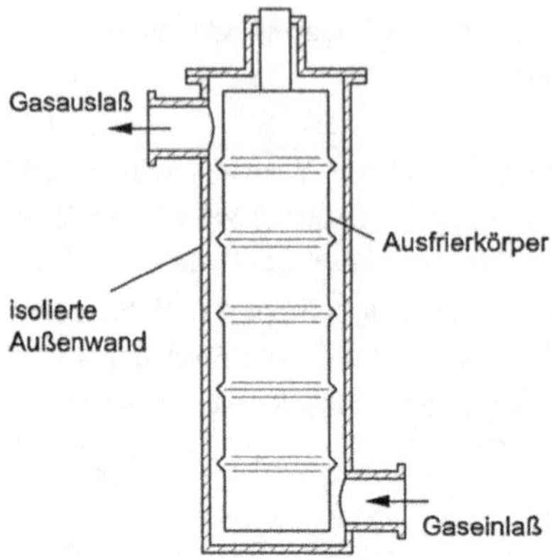

Bild 4.7: Schematische Darstellung Flüssigstickstoff-Tiefkühlfalle

Um die Tiefkühlfalle während der Abkühlphase reinigen zu können und um ein Zurückdampfen der Gase in den Reaktor zu vermeiden, sind zwei Absperrschieber (Hochvakuumschieber DN 63, Fa. VAT) am Ein- und Ausgang der Tiefkühlfalle angebracht. Diese können unabhängig von der Anlagensteuerung geöffnet und geschlossen werden. Die Ansteuerung erfolgt elektropneumatisch. Über einen zusätzlich angebrachten KF 40-Flansch wird, nach dem Reinigen der Tiefkühlfalle, der Raum zwischen den beiden Ventilen mit einer herkömlichen Drehschieberpumpe (DSP Trivac 65 m^3/h, Fa. Leybold) wieder evakuiert.

Laborabzug und Abluftwäscher

Die beim Abpumpen noch vorhandenen z. T. reaktiven und toxischen Bestandteile des Abgases werden durch die Tiefkühlfallen ausgefroren. Für die Reinigung der Tiefkühlfallen ist ein Laborabzug mit Reinigungsbecken aufgebaut worden. Für die Absorption der aggressiven Gase ist ein Abluftwäscher direkt über der Abzugsdecke eingebaut. Die in den Außenbehältern der Tiefkühlfallen verbleibenden Restgase werden über flexible Absaugungen ebenfalls dem Abluftwäscher zugeführt. Das Schadgas wird durch vertikale Eintrittsöffnungen in den Absorptionsraum des Gaswäschers gesaugt. Der Waschvorgang wird über ein Sprühbad betrieben. Dort kommt es zu einer starken Verwirbelung und intensiven Vermischung der Abluft, der Schadgase und der Waschflüssigkeit. Der Absorptions-Wirkungsgrad wurde für Salzsäure mit 93 % ermittelt.

Neutralisierungseinrichtung

Für die Absorption des anfallenden sauren Wassers ist eine vollautomatische Neutralisiereinrichtung aufgebaut worden. Aus dem Schadgaswäscher wird das verunreinigte

Wasser direkt in den Neutralisationsbehälter geleitet und dort gesammelt. Desweiteren wird das beim Reinigungsprozeß entstehende saure Waschwasser dem Neutralisationsbehälter zugeführt. Nach Erreichen des maximalen Füllstandes wird automatisch eine Pumpe in Betrieb gesetzt. Während der Zugabe von Lauge (30 % Natronlauge) erfolgt ein Umwälzen des Spülwassers und gleichzeitig eine permanente pH-Meldung bis der neutrale pH-Wert (eingestellter Grenzwert) erreicht ist. Hat sich der neutrale pH-Wert eingestellt, öffnet sich das Kanalventil automatisch und das Spülwasser wird in die Abflußleitung gepumpt. Die Pumpe schaltet automatisch aus, nachdem der minimale Füllstand erreicht ist.

5 Herstellung und Eigenschaften der Schichten

Das Puls-Plasma-Nitrieren ist ein Verfahren zur Oberflächenhärtung von Werkstücken. Im Unterschied dazu ist die plasmaunterstützte chemische Gasphasenabscheidung (PACVD) ein Verfahren zur Bildung fester Auflageschichten, bei dem die Reaktionsausgangsprodukte gasförmig vorliegen. Die für die Reaktionen benötigte Energie wird in beiden Fällen über eine Niederdruck-Glimmentladung zugeführt.

Zunächst wurden Versuche zur Erzielung einer beschichtungsgerechten Nitrierung durchgeführt. Diesen folgten Versuche zur Abscheidung von Hartstoffschichten. Beide Verfahren (Nitrieren und Beschichten) wurden dann in einer Vakuumanlage zur Herstellung eines industriell tauglichen und einsetzbaren Verbundschichtsystems kombiniert.

5.1 Probenmaterial

Für die Untersuchungen wurden im Hinblick auf die spätere Anwendung Proben aus Kalt- und Warmarbeitsstählen verwendet. Für hochbeanspruchte Werkzeuge kommt häufig der Kaltarbeitsstahl X155CrVMo12 2 (1.2379) zum Einsatz. Da sich dieser Werkstoff bereits als beschichtungsfähiger Stahl bewährt hat, wurde er für die Beschichtungsversuche ausgewählt.

Im Bereich der Warmumformung finden nitrierbare Warmarbeitsstähle wie der Stahl X38CrMoV5-3 (1.2367) Anwendung. Aus diesen Werkstoffqualitäten wurden Scheiben mit einem Durchmesser von 50 mm und einer Dicke von 5 mm von Stangen abgetrennt und einer Wärmebehandlung zur Härtung unterzogen. Anschließend erfolgte ein Feinschliff um eine geeignete Oberfläche für vergleichende Charakterisierungen zu erhalten.

5.2 Beschichtungsgerechte Nitrierung

Bei der Nitrier-Diffusionsbehandlung entsteht in Abhängigkeit von den Nitrierparametern und der Werkstoffzusammensetzung nicht nur eine Diffusionsschicht, sondern unter Umständen auch eine Verbindungsschicht und ein Porensaum (vgl. Kap. 2.1.2). Für die nachfolgende Beschichtung ist die Ausbildung dieser Schichten zu vermeiden. Der Erzielung einer verbindungsschicht- und porensaumfreien Nitrierung mit ausreichender Diffusionsschichtdicke dient die Variation der Nitrierparamter. Die Ergebnisse dieser Untersuchungen sind als Härteverläufe dargestellt.

5.2.1 Versuchsdurchführung

Die Plasmanitrierversuche wurden in der zuvor beschriebenen Anlage vorgenommen. Um unerwünschte Reaktionen an der Oberfläche der Substrate zu vermeiden, kamen Gase hoher Reinheit für die Behandlung zum Einsatz. Folgende Arbeitsgase wurden verwendet:

- Stickstoff 5.0 (N_2) (Mindestreinheit: 99,999 Vol.-%)
- Wasserstoff 5.0 (H_2) (Mindestreinheit: 99,999 Vol.-%)

Während der Nitrierversuche wurden die Parameter Nitriertemperatur, Leistung, Druck und Nitrierdauer variiert. Alle anderen Parameter blieben konstant, ebenso die Zusammensetzung der Prozeßgase. Die Gaszusammensetzung wurde aufgrund von Untersuchungen über die Verbindungsschichtbildung konstant gewählt /Roz/. Das jeweils beste Ergebnis der Versuchsreihe, bezüglich der Nitrierhärtetiefe bei gleichzeitiger Vermeidung der Verbindungsschicht und des Porensaums, wurde für die nächste Versuchsreihe eingestellt. Aus dieser Vorgehensweise ergab sich die folgende Parametertabelle 5.1.

Versuchsreihe	Temperatur [°C]	Leistung [W/cm^2]	Druck [Pa]	Zeit [h]	Gas Mix N2 : H2 [l/h]
Temperatur	450-550	0,4	200	3	20 : 80
Leistung	500	0,4 - 2,8	200	3	20 : 80
Druck	500	1,8	100-500	3	20 : 80
Zeit	500	1,8	300	3-21	20 : 80

Tabelle 5.1: Nitrierparameter

Bei der Durchführung der Nitrierversuche wurde folgende Vorgehensweise eingehalten:

1. Proben in Alkohol reinigen
2. Einlegen der Proben in den Reaktor
3. Schließen und Evakuieren des Reaktors auf einen Restdruck von 1 bis 2 Pa
4. Programmieren der Anlage und Start des Behandlungsablaufs
5. Aufheizen auf Behandlungstemperatur, Dauer ca. 4 Stunden
6. Einleiten der Gase zum Nitrieren, zünden des Plasmas
7. Durchführung der Nitrierbehandlung bei den vorgewählten Parametern
8. Abstellung der Gaszufuhr und Abschaltung des Plasma
9. Evakuieren des Reaktors auf einen Restdruck von 1 bis 2 Pa
10. Abkühlen der Anlage, Dauer ca. 2 Stunden

11. Bei Erreichen einer Temperatur von ca. 100°C im Reaktorinneren belüften, öffnen und Entnahme der Proben
12. Reinigen der Anlage

5.2.2 Auswertung der Nitrierversuche

Für die Auswertung der Nitrierversuche wurde jeweils ein metallographischer Querschliff präpariert und die Mikrohärte in verschiedenen Tiefen nach Vickers bestimmt (Bild 5.1).

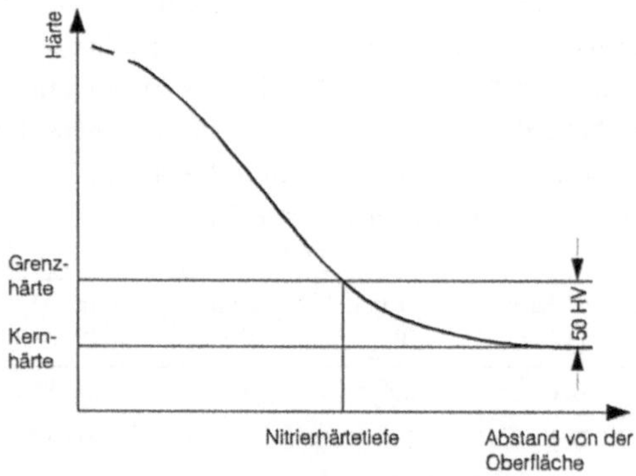

a

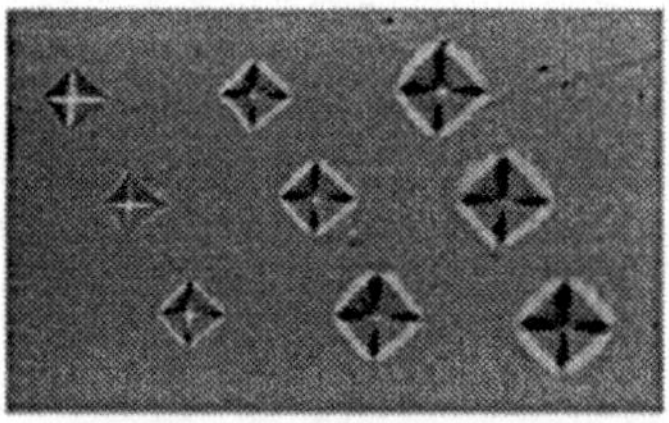

b

Bild 5.1 a. Ermittlung der Nitrierhärtetiefe nach DIN 50190 und b. Abbildung der Härteeindrücke an einer nitrierten Probe

Die Härtemessungen wurden mit einem Lichtmikroskop Polyvar Met der Firma Reichert & Jung mit dem Mikrohärtezusatz MD 4000E durchgeführt. Bei diesem System wird die Kraft über einen Vickersdiamanten elektromagnetisch erzeugt und kann stufenlos zwischen 0,002 und 2 N aufgebracht werden. Die Kraft bei den Härtemessungen betrug konstant F_N = 0,5 N. Ein Maß für die Randschichthärte ist die aus diesen Messungen ableitbare

Nitrierhärtetiefe (Nht). Sie ist nach DIN 50190 derjenige Abstand von der Oberfläche, an dem noch eine um 50 HV höhere Härte als im Kern vorliegt /DIN11/.

Anschließend werden die Proben mit 5% alkoholischer Salpetersäure angeätzt. Eine unter Umständen auftretende Verbindungsschicht und die Diffusionsschicht sind durch die unterschiedliche Ätzbarkeit der Phasen im Lichtmikroskop deutlich gegen das Grundgefüge zu erkennen. Die Schichtdicken lassen sich lichtmikroskopisch ermitteln.

5.2.3 Ergebnisse der Nitrierversuche

Die Parameter Nitriertemperatur, Leistung, Druck und Nitrierdauer wurden variiert. Die sich ergebenden Härteverläufe aus den jeweiligen Versuchsreihen sind im folgenden dargestellt.

Variation der Temperatur

Die Nitriertemperatur wurde mit einer Schrittweite von 25°C von 450°C auf 550°C gesteigert. Die untere Temperaturgrenze ergibt sich aus den Erfordernissen der Wirtschaftlichkeit, da mit abnehmender Behandlungstemperatur die Diffussionsfähigkeit des Stickstoffs begrenzt wird. Die obere Temperaturschranke ergibt sich aus der Anlaßbeständigkeit von gehärteten Werkstoffen.

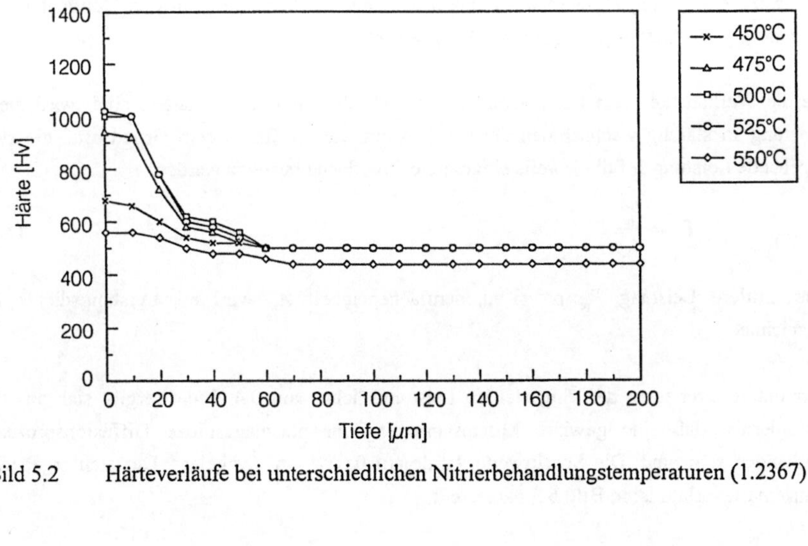

Bild 5.2 Härteverläufe bei unterschiedlichen Nitrierbehandlungstemperaturen (1.2367)

Das Ergebnis (Bild 5.2) verdeutlicht, daß mit zunehmender Behandlungstemperatur die Oberflächenhärte und die Diffusionstiefe ansteigen. Wird die Behandlung jedoch über der Anlaßtemperatur von 530°C durchgeführt, kommt es zur Entfestigung des Gesamtgefüges. Obwohl die Diffusionstiefe weiter gesteigert wird, führt diese Entfestigung zu einer Abnahme der Kernhärte des Bauteils. Die Ursache für diese Entfestigung liegt in der Rückbildung des beim Härtevorgang entstehenden Martensits zu Ferrit durch die Rückdiffusion von Kohlenstoff in die Korngrenzen.

Um dieser Temperaturgrenze im folgenden Rechnung zu tragen und um im Falle von Schwankungen Reserven zu haben, wurde für die weiteren Nitrierversuche die Behandlungstemperaturgrenze auf 500°C festgelegt.

Variation der Leistung

Die dem Nitrierprozeß zur Aufrechterhaltung des angeregten Zustandes der Prozeßgase zugeführte elektrische Leistung wird im µs-Bereich getaktet. Der angeregte Zustand der Prozeßgase wird bei genügend kurzer Pulspause t_{poff} während dieses Zeitabschnitts überdauert. Die mittlere Leistung P_m ergibt sich aus Pulsleistung P_{puls} gemäß:

$$P_m = P_{puls} \cdot \left(\frac{t_{pon}}{t_{pon} + t_{poff}} \right) \tag{5.1}$$

Die mittlere Leistung P_m wird aus der Pulsleistung P_{puls} verringert um den Quotienten aus Pulsein- t_{pon} und Gesamtpulsdauer ($t_{pon} + t_{poff}$) ermittelt.

Da die Werkstücke beim Pulsplasmanitrierprozeß als Kathode geschaltete sind, wird diese Leistung an ständig wechselnden Oberflächen umgesetzt. Aus diesem Grund muß die sich ergebende Leistung auf die jeweils eingesetzte Oberfläche bezogen werden.

$$P_D = \frac{P_m}{A_K} \tag{5.2}$$

Die mittlere Leistung P_m pro Kathodenflächeneinheit A_K wird als Leistungsdichte P_D bezeichnet.

Der untere Grenzwert der eingestellten Leistungsdichte von 0,4 W/cm² ergibt sich aus der Erfordernis, daß eine gewisse Mindestanregung für plasmagestützte Diffusionsprozesse vorhanden sein muß. Die Schrittweite wurde auf 0,6 W/cm² festgelegt. Der sich ergebende Nitrierhärteverlauf ist in Bild 5.3 dargestellt.

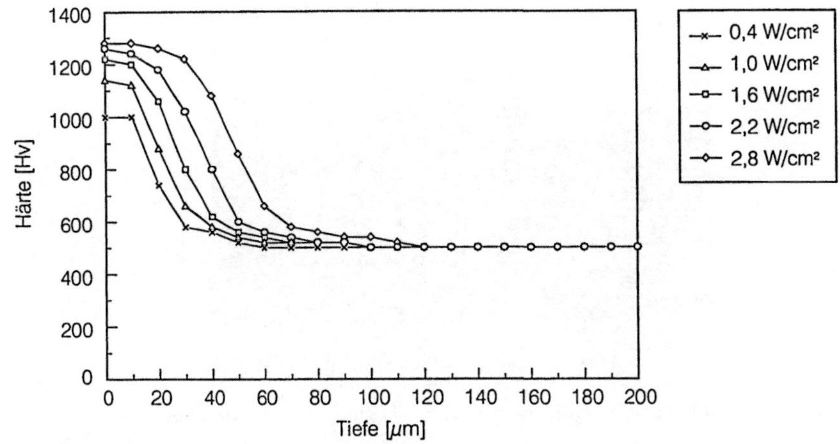

Bild 5.3 Nitrierhärteverläufe bei unterschiedlichen Leistungsdichten (1.2367)

Die Diffusionsvorgänge beim verbindungsschichtfreien Nitrieren werden im wesentlichen durch die Bereitstellung von atomarem Stickstoff an der Oberfläche bestimmt. Mit zunehmender Leistungsdichte steht dieser vermehrt zur Verfügung. Desweiteren sind die mit zunehmender Leistungsdichte auftretenden Oberflächenreaktionen, vornehmlich verbesserte Adsorption, für den eindeutigen Zusammenhang zwischen Leistungsdichte und Diffusionstiefe verantwortlich.

Bei einer Leistungsdichte von 2,2 W/cm^2 sind auf den Bauteilen erste Anzeichen von Überschlägen zu sehen. Bei einer Leistungsdichte von 2,8 W/cm^2 werden sie deutlich sichtbar (Bild 5.4). Im Bereich dieser Leistungsdichten schlägt die Glimmentladung kurzfristig in eine Bogenentladung um. Die elektrische Leistung, die sich im Kathodenauftreffpunkt konzentriert, führt dort zu Leistungsdichten von 10^7-10^9 W/cm^2 /Hae/. Der Werkstoff wird lokal explosionsartig verdampft und es kommt zu kraterförmigen Fehlstellen auf den Substraten. Da diese Schädigungen unter allen Umständen zu vermeiden sind, läßt sich daraus eine Obergrenze der Nitrierleistungsdichte von 2,0 W/cm^2 ableiten. Um auch bei ungünstiger Anordnung der Substrate Überschläge mit Sicherheit vermeiden zu können, wurde die Leistungsdichte auf 1,8 W/cm^2 begrenzt.

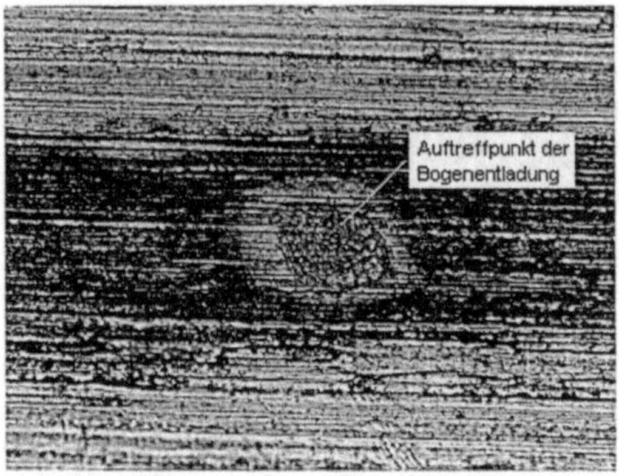

Bild 5.4 400-fache Vergrößerung einer Schädigung durch Überschlag

Variation des Drucks

Der Druck während der Nitrierbehandlung wurde von 100 Pa auf 500 Pa angehoben. Die Schrittweite war 100 Pa. Die untere Druckgrenze ergibt sich durch das Anwachsen der Spannung, die für das Zünden des Plasmas erforderlich ist. Mit abnehmendem Druck steigt diese Zündspannung, aufgrund der abnehmenden Teilchenkonzentration auf Werte im kV-Bereich an. Diese Spannungen können mit der bestehenden Anlagentechnik nicht mehr erreicht werden. Die obere Druckgrenze ergibt sich aus der Begrenzung des Regelvermögens des eingesetzten Butterflyventiles.

Zwischen 300 Pa und 400 Pa zeigt die Nitriertiefe die höchsten Werte (Bild 5.5). Bei 500 Pa ist die Oberflächenhärte am höchsten, aber die Nitriertiefe wird geringer. Dies ist wie folgt beschrieben ein Indiz dafür, daß die Bildung einer Verbindungsschicht einsetzt. Bei der Bildung der Verbindungsschicht wird Stickstoff in den oberflächennahen Bereichen zum Teil von den Legierungselementen abgebunden und es entstehen Sondernitride von hoher Härte. Der überwiegende Teil wird jedoch zur Bildung von Eisennitriden verbraucht. Als ε-Phase wird das sich zunächst bildende $Fe_{2\text{-}3}N$ bezeichnet, bei weiterem Zerfall bildet sich Fe_4N, dieses wird als γ-Phase bezeichnet. Bei diesem Zerfallsvorgang wird atomarer Stickstoff freigesetzt, der aufgrund der Konzentrationsunterschiede bestrebt ist, ins tiefere Werkstoffinnere zu gelangen.

Die Oberflächenhärte erfährt eine Steigerung und die Nitrierhärtetiefe nimmt aufgrund des verringerten Angebots an freiem Stickstoff ab. Diese Tendenz ist bereits bei einem Druck von

400 Pa durch die verringerte Diffusionstiefe, gegenüber der Nitrierhärtetiefe beim Druck von 300 Pa, zu erkennen. Da die Ausbildung der Verbindungsschicht zu vermeiden ist, wird der Nitrierbehandlungsdruck auf 300 Pa begrenzt.

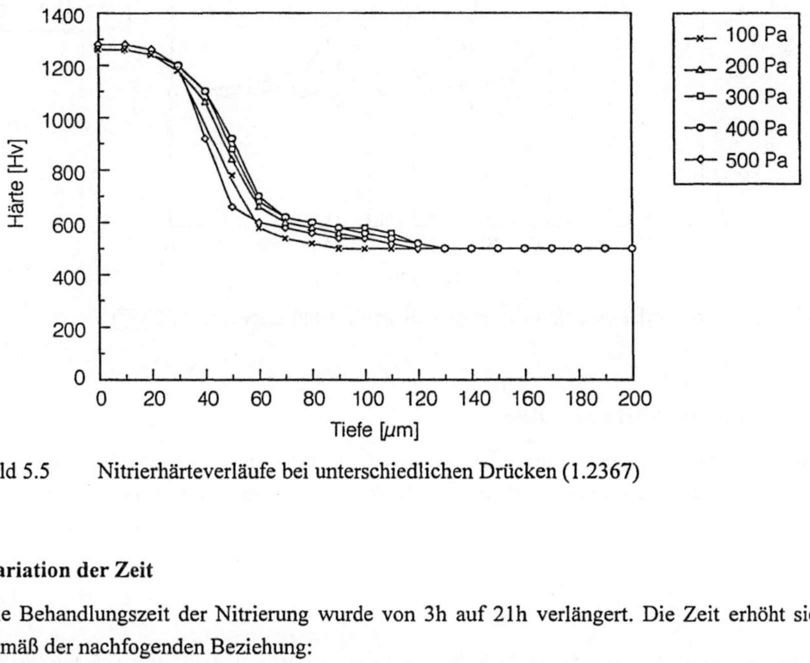

Bild 5.5 Nitrierhärteverläufe bei unterschiedlichen Drücken (1.2367)

Variation der Zeit

Die Behandlungszeit der Nitrierung wurde von 3h auf 21h verlängert. Die Zeit erhöht sich gemäß der nachfogenden Beziehung:

$$t_i = t_{i-1} + (i+1), \quad i = 1,2,...5 \tag{5.3}$$

Durch die Erhöhung der Schrittweite von Versuch zu Versuch wird die sich verringernde Zunahme der Diffusionstiefe mit zunehmender Zeitdauer berücksichtigt.

Die Oberflächenhärte bleibt auch bei zunehmender Zeitdauer auf einem konstanten Wert (Bild 5.6). Dies läßt darauf schließen, daß sich mit zunehmender Zeitdauer keine Verbindungsschicht an der Oberfläche ausbildet. Diese Vermutung konnte durch die Auswertung von angeätzten Querschliffen bestätigt werden. Die Nitriertiefe nimmt mit steigender Zeitdauer bis in eine Tiefe von 140 μm zu.

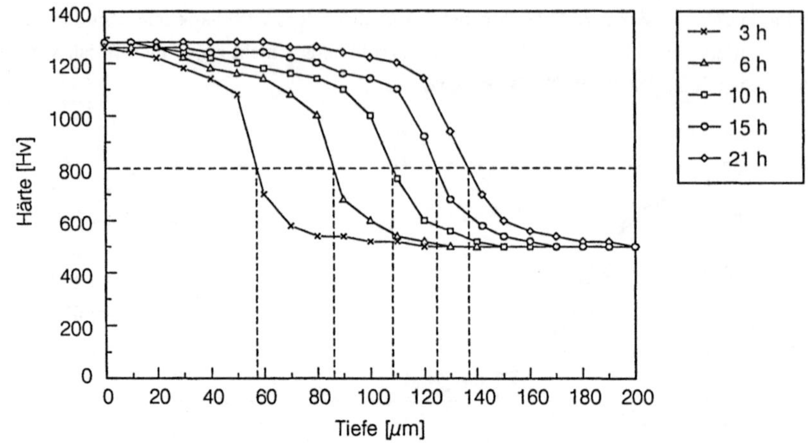

Bild 5.6 Nitrierhärteverläufe unterschiedlicher Behandlungsdauer (1.2367)

Berechnung der Nitrierhärtetiefe

Nichtstationäre eindimensionale Diffusionsvorgänge, bei denen sich das Konzentrationsgefälle mit der Zeit ändert, werden durch das 2. Ficksche Gesetz (vgl. Kap. 3.3.1) beschrieben.

$$\frac{\partial c}{\partial t} = \frac{\partial}{\partial x}\left(D\frac{\partial c}{\partial x}\right) \tag{5.4}$$

Wenn der Diffusionskoeffizient D unabhängig von der Konzentration ist, vereinfacht sich diese Gleichung zu

$$\frac{\partial c}{\partial t} = D\frac{\partial^2 c}{\partial x^2} \tag{5.5}$$

Diese Vereinfachung ist strenggenommen nur für den Fall der Selbstdiffusion zulässig. In praktischen Fällen kann die Gleichung jedoch angewendet werden, wenn nur geringe Konzentrationsunterschiede vorliegen.

Die Konzentrationsverteilung von Stickstoff in reinem Eisen nach dem Nitrieren kann unter Zugrundelegung bestimmter Randbedingungen aus Gleichung (5.5) durch Integration berechnet werden. Geht man von einer maximalen Phasengrenzflächenkonzentration c_1 für

Stickstoff aus und ist c_0 die Ausgangskonzentration unendlich weit von der Oberfläche entfernt, so gilt als Lösung von Gleichung (5.5) im Abstand x von der Oberfläche /Heu/

$$c\,(x,t) = c_0 + (c_1 - c_0)\left(1 - \operatorname{erf}\left(\frac{x}{2\sqrt{Dt}}\right)\right) \tag{5.6}$$

Für einen konstanten Wert $c(x,t)$ erhält man aus Gleichung (5.6) für das Gaußsche Fehlerintegral einen konstanten Wert (gemäß /Heu/ wird für das Gaußsche Fehlerintegral die Bezeichnung erf verwendet). Dann ist auch

$$\left(\frac{x}{2\sqrt{Dt}}\right) = \text{konstant} \tag{5.7}$$

Daraus ergibt sich, daß x proportional $\sqrt{t}$ ist.

$$x \cong \sqrt{t} \quad \text{bzw.} \quad x^2 \cong t \tag{5.8}$$

Nach dieser Gleichung ändert sich während eines Diffusionsvorganges der Abstand x einer Fläche im Werkstoffinnern, die eine konstante Konzentration c besitzt, von einer zu ihr parallelen Fläche, die ebenfalls konstante Konzentration c besitzt, proportional zur Quadratwurzel aus der Diffusionszeit. Diese Gleichung, die auch als parabolisches Zeitgesetz oder kurz $\sqrt{t}$-Gesetz bezeichnet wird, kann zur Prüfung ungestörter Diffusionsvorgänge benutzt werden /Sei/.

Die für die Geschwindigkeit eines Diffusionsprozesses bestimmende Größe ist der Diffusionskoeffizient D. Er ist abhängig von der Temperatur, der Konzentration, der Struktur, dem Gefüge sowie von Verunreinigungen. Bei der Diffusion in legiertem Stahl kommt es zur Bildung feindisperser Sondernitride. Dadurch wird die Stickstoffeindringtiefe herabgesetzt. Die Diffusionsgeschwindigkeit ist dann nach einem modifizierten $\sqrt{t}$-Gesetz zu berechnen /Lam2/.

$$x = k\sqrt{D} \cdot \sqrt{t} \tag{5.9}$$

Der Faktor k berücksichtigt den Einfluß der nitridbildenden Legierungselemente. Dabei sinkt die Stickstoffeindringtiefe mit steigender Konzentration der Legierungselemente.

Aus den Nitrierhärteverläufen läßt sich die Tiefe einer bestimmten Härte nach unterschiedlicher Zeitdauer ermitteln. Zur Erzielung eindeutiger Ergebnisse wird die Tiefe bei einer Härte von 800 HV ermittelt (Bild 5.6). In diesem Bereich findet sich ein signifikanter Abfall der hohen Härten auf die Grundhärte.

Die Untersuchungen zur Parametervariation wurden ebenfalls am Werkstoff 1.2379 durchgeführt. Aufgrund des höheren Anteils an Legierungselementen war die Diffusion des Stickstoff verringert, und die Werte für die Härtetiefen waren im Vergleich zum Werkstoff 1.2367 etwas geringer.

Auf der Basis dieser Messungen konnte für die untersuchten Werkstoffe ein $k\sqrt{D}$ -Faktor ermittelt werden. Für die untersuchten Werkstoffe ergaben sich die nachfolgen Beziehungen:

$$x = 0{,}504 \cdot \sqrt{t}, \quad t \text{ in [s]} \qquad (1.2367) \tag{5.10}$$

$$x = 0{,}484 \cdot \sqrt{t}, \quad t \text{ in [s]} \qquad (1.2379) \tag{5.11}$$

Auf der Basis dieser Funktionen lassen sich für die untersuchten Werkstoffe, die Nitriertiefen bei Verwendung desselben Parametersatzes vorherbestimmen. Die erforderliche Zeitdauer, zur Erzielung einer gewünschten beanspruchungsgerechten Nitriertiefe läßt sich dadurch im Vorfeld einer Nitrierbehandlung ermitteln. Der Vergleich der berechneten Funktion zu den gemessenen Werten ist in Bild 5.7 dargestellt

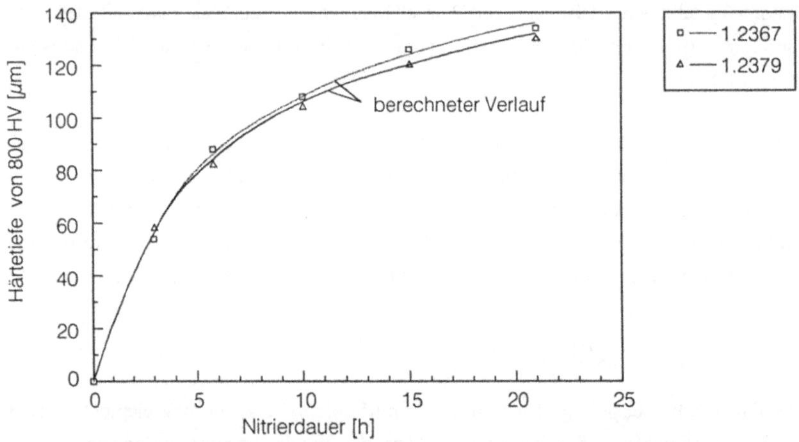

Bild 5.7 Berechnete und gemessene Härtetiefen der Werkstoffe 1.2367 und 1.2379

5.3 Abscheidung von TiN-Hartstoffschichten

Für die Herstellung von Titannitridschichten (TiN) mittels des PACVD-Verfahrens wird im allgemeinen eine Mischung aus H_2, N_2, Ar und $TiCl_4$ (Titantetrachlorid) in die Reaktionskammer eingeleitet. Die Schichtbildung erfolgt dann gemäß folgender Reaktionsgleichung:

$$2\ TiCl_4 + N_2 + 4\ H_2 \rightarrow 2\ TiN + 8\ HCl \qquad (5.12)$$

Diese Reaktion ist bei Raumtemperatur endotherm. Erst ab Temperaturen von ca. 650 °C verschiebt sich das Gleichgewicht auf die Produktseite. Die für die Absenkung der Reaktionstemperatur erforderliche Energie wird durch das Plasma zugeführt. Je nach Art der Prozeßführung wird ein mehr oder weniger großer Teil von Chlor in die Schicht eingebaut. Ein möglichst geringer Anteil von Cl in der Schicht verbessert das Verschleißverhalten und trägt zu einer besseren Korrosionsbeständigkeit bei.

5.3.1 Versuchsdurchführung

Bei den Beschichtungsversuchen kam dieselbe Anlage, wie bei den Nitrierversuchen zum Einsatz. Da die verwendeten Gase direkt die Schichtbildung beeinflußen, wurden diese mit hoher Reinheit gewählt. Folgende Arbeitsgase fanden Verwendung:

- Stickstoff 5.0 (N_2) (Mindestreinheit: 99,999 Vol.-%)
- Wasserstoff 5.0 (H_2) (Mindestreinheit: 99,999 Vol.-%)
- Argon 5.0 (Ar) (Mindestreinheit: 99,999 Vol.-%)

Das als Titanspender verwendeten $TiCl_4$ wies die folgende Zusammensetzung auf (Analyse: cerimetrisch nach Reduktion):

- Titantetrachlorid ($TiCl_4$) Gehalt > 99%
M = 189,71 g/mol
Schmelzpunkt -25°C
Siedepunkt 136 °C

Um Aufschlüsse über die Wahl der Beschichtungsparameter zu erhalten, wurden die Auswirkungen verschiedener Prozeßgrößen auf die Schichteigenschaften untersucht. Ziel war es, eine Steigerung des Schichtwachstums und der Schichthärte von Titannitridschichten bei einer Beschichtungstemperatur von 530 °C mit geringen Chlorgehalten zu erreichen. Die Temperaturgrenze von 530°C ergibt sich aus der Anlaßtemperatur der verwendeten gehärteten Stähle. Diese liegt bei 550°C und sollte nach Möglichkeit nicht überschritten werden, da dies zu einer Entfestigung des Werkstoffs führen würde. Die Werte der Gasflüsse, des

Titanspenders und die Verweilzeit wurden variiert. Aus dieser Vorgehensweise ergab sich die Parametertabelle 5.2.

Versuchsreihe	N2 [l/h]	H2 [l/h]	Ar [l/h]	$TiCl_4$ [g/h]	Verweilzeit [s]
Verweilzeit	110	200	45	30	2-4
Stickstoff	70-110	200	45	30	2
Wasserstoff	75	200-400	45	30	1-2
Argon	75	350	45-65	30	1
$TiCl_4$	75	350	65	30-10	1

Tabelle 5.2: TiN-Beschichtungsparameter

Die weiteren Parameter wurden konstant auf die folgenden Werte eingestellt:
- Prozeßdruck: 200 Pa
- Spannung: 480 V
- $Puls_{on}/Puls_{off}$: 100µs/400µs
- Temperatur: 530°C
- Leistung: 0,3 W/cm^2

Die Ausgangswerte für die Beschichtungsparameter wie Druck, Temperaturen, Gasflüsse, Puls-Pausenverhältnis und die Leistung orientierten sich an Erkenntnissen die durch Vorversuche an dieser Anlage gewonnen wurden /Lux2, Sta/. Sowie an Versuchen, die an anderen ähnlichen Anlagen zur PACVD-Beschichtung durchgeführt wurden /Lai, Rie3/.

Für die Durchführung der Beschichtungsversuche wurde die nachfolgend beschriebene Vorgehensweise eingehalten. Ein Versuch lief im einzelnen wie folgt ab:

1. Proben in Alkohol reinigen
2. Einlegen der Proben in den Reaktor
3. Schließen und Evakuieren des Reaktors auf einen Restdruck von 1 bis 2 Pa
4. Programmieren der Anlage und Start des Behandlungsablaufs
5. Aufheizen auf 530°C, Dauer ca. 4 Stunden
6. Zuführen von Ar, H_2 und N_2 in der für die Beschichtung benötigten Menge
7. Zünden des Plasmas und Einstellen stabiler Bedingungen abwarten (ca. 2 bis 3 Minuten)
8. Zuführen von $TiCl_4$ und Beschichten mit vorgegebener Dauer
9. Beenden der Beschichtung, Abstellen der $TiCl_4$-Zuführung, danach Abstellen der Gase

10. Evakuieren des Reaktors auf 0 bis 2 Pa
11. Abkühlen der Anlage, Dauer ca. 2 Stunden und Reinigen der Tiefkühlfalle
12. Bei Erreichen der Temperatur von ca. 100°C im Reaktorinneren; belüften, öffnen und Entnahme der Proben
13. Reinigen der Anlage

5.3.2 Auswertung der Schichteigenschaften

Die bei der Ermittlung der mechanischen und analytischen Versuchsergebnisse verwendeten Geräte, sowie die jeweiligen Verfahrensparameter werden nachfolgend beschrieben. Die Grundlagen zur jeweiligen Meßmethode sind in Kapitel 2.4 beschrieben.

Calo-Test

Die Schichtdickenmessungen zur Bestimmung der Wachstumsraten wurden mit einem selbstgebauten Meßgerät durchgeführt /Mor1/. Die Stahlkugel (d=30mm) aus Kugellagerstahl 100Cr6 wurde mit einem Flüssigkeitsfilm aus Ethanol und Diamantpaste (Korngröße ¼ µm; Mischungsverhältnis 80% : 20%) umgeben. Dieser Flüssigkeitsfilm wirkt als Abrasivmittel. Am Meßmikroskop können die zur Schichtdickenberechnung notwendigen Maße x und y abgelesen werden. Die Genauigkeit beim Bestimmen der Kreisdurchmesser beträgt circa 3-4 %. Je 5 Messungen wurden vorgenommen und die Werte dann arithmetisch gemittelt.

Mikrohärtemessung

Die Härtemessungen wurden mit einem Lichtmikroskop Polyvar Met der Firma Reichert & Jung mit dem Mikrohärtezusatz MD 4000E durchgeführt. Bei diesem System wird die Kraft auf einen Vickersdiamanten elektromagnetisch erzeugt und kann stufenlos zwischen 0,002 und 2 N aufgebracht werden. Für die vorliegenden Messungen wurden die Parameter Kraft = 0,05 N, Haltedauer = 5 s und Slope = 0,005 N/s gewählt. Dabei wird eine Eindringtiefe von ca. 0,35 µm erreicht. Die Genauigkeit der Härtemesswerte beträgt circa 8-10 %. Je Probe wurden 4 Messungen für eine Mittelung vorgenommen. Die 4 Messungen wurden an unterschiedlichen Stellen der Probe durchgeführt.

Scratch-Test

Bei dem verwendeten Scratch-Test-Gerät handelt es sich um eine institutseigene Entwicklung /Olb/. Eine beschichtete Probe wird mit konstanter Geschwindigkeit (1-20 mm/min) unter einer Diamantspitze (Rockwell C Diamant, Spitzenradius 200 µm) bewegt, während die Last auf den Eindringkörper linear zunimmt (20-200 N/min). Die durch Abbrechen oder durch

Abplatzungen kleiner Schichtteile am Rand der Spur verursachten charakteristische, akustische Signale werden von einem Schwingquarzaufnehmer (Resonanzfrequenz 200 kHz) am Scratch-Test-Gerät registriert. Zur optischen Kontrolle befindet sich zusätzlich ein Meßmikroskop (200-600-fache Vergrößerung) am Testgerät. Die Zuordnung von charakteristischen Ereignissen zur entsprechenden kritischen Last kann mit einer Genauigkeit von 4-5 % erfolgen. Für die Durchführung der Scratch-Tests wurden die folgenden Parameter gewählt: Tischgeschwindigkeit 10 mm/min, Lastrate 100 N/min, max. Last 120 N. Jeweils 3 Tests wurden je Probe bei einer konstanten Temperatur von 18°C und einer relativen Luftfeuchtigkeit von ca. 30 % durchgeführt.

Tribo-Test

Bei dem zur Ermittlung der Reibwerte verwendeten Tribo-Test-Gerät handelt es sich um eine institutseigene Entwicklung /Mor2/. Der Lastbereich beträgt 0,5-10 N. Die Proben oszillieren mit einer stufenlos einstellbaren Prüfgeschwindigkeit zwischen 0,01- 0,1 m/s. Die Hublänge kann zwischen 0,2 und 20 mm eingestellt werden. Für die Reibwertermittlung wurden als Gegenkörper Kugeln aus Kugellagerstahl 100Cr6, Hartmetall und Keramik Al_2O_3, mit einem Durchmesser von 5 mm verwendet. Der Gegenkörper wurde mit einer konstanten Last F_N = 5 N auf die Probe angedrückt, die eine oszillierende Bewegung mit einer Hublänge von 5 mm und einer Geschwindigkeit von 0,1 m/s ausführte. Die Reibkraft F_R zwischen diesen beiden Reibpartnern wurde über einen DMS-Kraftaufnehmer (Meßbereich 0-20 N) gemessen und der Reibwert μ gemittelt über 1000 Hübe ermittelt. Die Genauigkeit bei der Ermittlung der Reibwerte betrug ca. 5-6 %. Die Tests wurden bei einer konstanten Temperatur von 18°C und einer relativen Luftfeuchtigkeit von ca. 30 % durchgeführt.

Rauheits-Messungen

Die Rauheitsuntersuchungen wurden am Institut für Fertigungstechnologie keramischer Bauteile (IFKB) der Universität Stuttgart durchgeführt. Zur Ermittlung der Rauheitskennwerte wurde ein Oberflächenmeßgerät der Firma Mahr GmbH, Göttingen, vom Typ Perthometer Concept 3.0 verwendet. Es handelt sich dabei um einen modular aufgebauten Meßplatz zur Erfassung und Auswertung von Rauheit, Kontur und Topographie. Der Meßplatz besteht aus einem Rechner, an den das Vorschubgerät und der Taster angeschlossen sind, sowie Bildschirm und Drucker zur Ausgabe der Meßprotokolle. Bei dem eingesetzten Taster handelt es sich um ein Bezugsflächentastsystem vom Typ MFW-250 mit einem maximalen Meßbereich von ±250 µm. Der Tastspitzenradius betrug etwa 5 µm, die statische Meßkraft etwa 1 mN. Profilfilter, Grenzwellenlänge und Gesamtmeßstrecke wurden gemäß DIN 4768 verwendet /DIN 10/. Die relative Meßunsicherheit betrug ca. ±5 % vom Meßwert.

Rasterelektronenmikroskopie (SEM), Energiedispersive Röntgenanalyse (EDX) und Wellenlängendispersive Röntgenanalyse (WDX)

Die Oberflächenuntersuchungen wurden an einem SEM des Typs Stereoscan 360 der Firma Cambridge Instruments durchgeführt. Dieses ermöglicht Aufnahmen bis zu 300 000-facher Vergrößerung (Auflösung 1152 x 1536 Pixel). Die Beschleunigungsspannung kann von 0,2 bis 40 kV variiert werden. Der Probenstrom beträgt hierbei zwischen 1×10^{-6} und 1×10^{-15} A. Die Proben können in der auf p = 4×10^{-4} Pa evakuierten Vakuumkammer des Rasterelektronenmikroskops in x, y und z Richtung bewegt, sowie gegenüber dem Elektronenstrahl geneigt und gedreht werden. Um Verfälschungen der Messungen durch Verunreinigungen der Probenoberfläche zu vermeiden, wurde diese vor dem Einlegen in Vakuumkammer ca. 2-3 Minuten lang in einem Ultraschallbad mit Alkohol gereinigt. Die SEM-Aufnahmen wurden mit einer Beschleunigungsspannung von 20 kV vorgenommen.

Zur Beurteilung der Schichtzusammensetzung von Hartstoffschichten wurden EDX- und WDX-Messungen durchgeführt. Die Untersuchungen wurden mit dem SEMQ ARL (Applied Research Laboratory) durchgeführt. Die typischen Analyseparamter waren: Arbeitsspannung 20 kV, Spotdurchmesser 1,5-2,0 µm (Elektronenstrahlfokus), Probenströme ca. 30 nA. Die Meßzeit für die Punktanalyse betrug 100 s für EDX sowie 20 s für WDX und der Abnahmewinkel wurde auf 52,5° eingestellt. Da sich die Tiefeninformation nicht beeinflussen läßt und die abgeschiedenen Schichten im Bereich von 1 bis 2 µm vorlagen, wurden bei der Analyse der Schichtzusammensetzung auch Substratelemente nachgewiesen. Bei Kenntnis der Substratzusammensetzung läßt sich die Konzentrationsverteilung der Bestandteile in der Schicht jedoch berechnen.

Die WDX-Untersuchungen wurden am Institut für Festkörperanalytik und Strukturforschung (IFS) des IFW Dresden e.V. in Dresden durchgeführt. Als spezielle Präparationstechnik wurde die einbettungsfreie Schrägschlifftechnik angewendet. Diese Präparationsmethode ermöglicht die Aufklärung der Tiefenstruktur sowie der Interfaceeigenschaften von Hartstoffschichten mit Schichtdicken im Bereich von wenigen Mikrometern. Dazu wurde eine Schliffeinrichtung konzipiert, konstruiert und gebaut, die gleichzeitig im optischen Mikroskop, Rasterelektronenmikroskop und Elektronenstrahlmikrosonde ohne Umbau als Probenhalter einsetzbar ist. Durch den Verzicht auf Einbettmasse können die Proben auch ohne Zusatzaufwand in Analysenapparaturen mit UHV Verwendung finden. Schliffe wurden mit Winkeln zwischen 3° und 7° (Streckung des Schichtbereiches um etwa Faktor 10...20) angefertigt und analysiert.

Transmissionselektronenmikroskopie (TEM) und Elektronenbeugungsanalytik (SAD)

Die TEM- und SAD Untersuchungen wurden von der Bundesanstalt für Materialforschung und -Prüfung (BAM) in Berlin durchgeführt. Für die TEM-Untersuchungen wurden ein JEOL 4000 FX eingesetzt. Die Proben wurden im Meßfeld auf eine Stärke von 200-400 nm gedünnt. Die Arbeitsspannung des Durchstrahlungselektronenstrahls betrug 400 kV.

Für die SAD-Untersuchungen wurde ein Philips CM 20-STEM eingesetzt. Die Arbeitsspannung des Durchstrahlungselektronenstrahls betrug dabei 200 kV. Für diese Untersuchungen wurde eine Apertur von 2 μm Durchmesser verwendet.

5.3.3 Ergebnisse der TiN-Beschichtungsversuche

Im folgenden werden die Ergebnisse von Schichtwachstum und Härte auf die variierten Parameter der TiN-Beschichtungsversuche dargestellt. Scratchtests und EDX-Untersuchungen wurden an allen Proben durchgeführt. Tribotests, SEM-, TEM-, WDX-, und SAD-Untersuchungen wurden nur an ausgesuchten optimierten Proben durchgeführt.

Schichtwachstum und Härte bei unterschiedlicher mittlerer Verweildauer

Die mittlere Verweildauer der Gase wurde durch die Verkleinerung des Reaktorvolumens bei ansonsten konstanten Parametern von 4 s auf 2 s gesenkt. Die Schrittweite der Absenkung betrug 0,5 s. Die Auswirkungen auf die Wachstumsrate und die Härte zeigt das Bild 5.8.

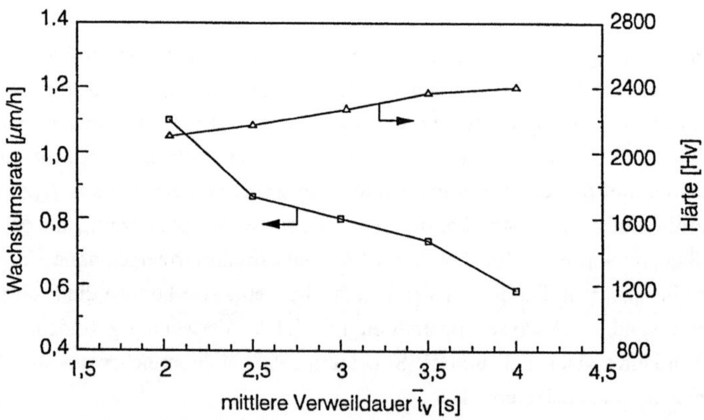

Bild 5.8: Abhängigkeit der Wachstumsrate und der Schichthärte von der mittleren Verweildauer

Die Wachstumsrate steigt bei Verringerung der mittleren Verweildauer von 0,6 µm/h auf 1,1 µm/h an. Die Schichthärte nimmt dagegen bei Verringerung der Verweildauer von 2400 HV auf 2100 HV ab. Der Zusammenhang zwischen mittlerer Verweildauer und Wachstumsrate verdeutlicht, daß die Reaktionen der gasförmigen Reaktanden an der Oberfläche kinetisch gesteuert sind. Durch die Halbierung der Verweilzeit kommt es näherungsweise zur Verdoppelung der Wachstumsrate. Der Grund hierfür liegt darin, daß an demselben Olberflächenelement der An- und Abtransport von Reaktionsedukten und Reaktionsprodukten wesentlich beschleunigt abläuft. Mit zunehmender Wachstumsrate wurde eine Zunahme der Chlorgehalte ermittelt. Der vermehrte Einbau von Chlor in die Schicht führte zu einer Abnahme der Härte (vgl. Zusammenhang zwischen Wachstumsrate und Chlorgehalt, Bild 5.14).

Schichtwachstum und Härte bei unterschiedlichen Stickstoffgehalten

Bei der Variation der zugeführten Stickstoffmenge wurde die Menge des Stickstoffs schrittweise um 10 l/h von 110 l/h auf 70 l/h verringert. Die Wachstumsrate und die Härte in Abhängigkeit von der zugeführten Stickstoffmenge ist in Bild 5.9 dargestellt. Die Wachstumsrate nimmt mit der dem Beschichtungsprozeß zugeführten Stickstoffmenge zu. Die Schichthärte nimmt dagegen mit dem Anstieg der Wachstumsrate ab. Die abgeschiedenen Schichten erreichten Härtewerte von HV 2100 bis HV 2400.

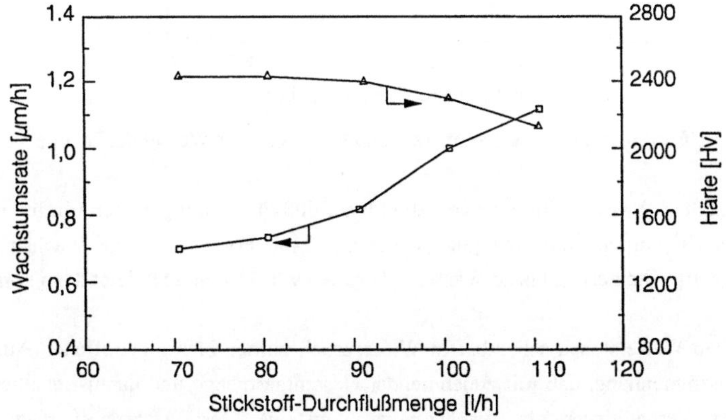

Bild 5.9: Abhängigkeit der Wachstumsrate und der Schichthärte von der zugeführten Stickstoffmenge

Der Einfluß der Stickstoffmenge auf die Schichthärte ist bis zu einer Durchflußmenge von 90 l/h relativ konstant, dann wird jedoch der Einfluß der Verweildauer durch die zunehmende Gesamtgasmenge deutlich. Die Wachstumsrate steigt in der Folge dadurch an und durch vermehrten Chloreinbau nimmt die Schichthärte ab.

Schichtwachstum und Härte bei unterschiedlichen Wasserstoffgehalten

Die Wasserstoffmenge wurde von 200 l/h in Schritten von 50 l/h auf 400 l/h verdoppelt. Es wurde versucht, mit einer Erhöhung des Wasserstoffgehalts den Chloranteil in der Schicht zu senken. Der Einfluß des Wasserstoffs auf die Wachstumsrate und die Schichthärte ist in Bild 5.10 dargestellt.

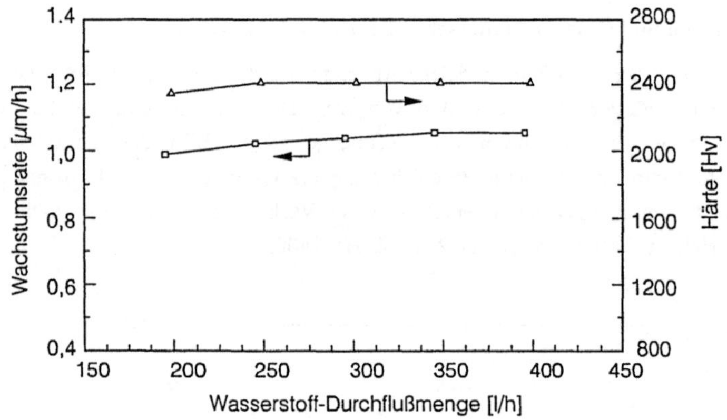

Bild 5.10: Abhängigkeit der Wachstumsrate und Härte von der Wasserstoffmenge

Eine Erhöhung der Wasserstoffmenge von 200 l/h auf 400 l/h hat nur geringen Einfluß auf die Schichthärte. Es wurden durchweg gute Werte um 2400 HV erzielt. Die Wachstumsrate erfährt eine stetige Steigerung bis zu Wasserstoffwerten von 350 l/h und bleibt dann konstant.

Die ermittelten Werte stehen scheinbar in Widerspruch zu den bisher getroffenen Aussagen über den Zusammenhang, daß mit zunehmender Gesamtgasmenge und daraus resultierender abnehmender Verweildauer die Wachstumsrate ansteigt. Der Wasserstoff reagiert im Reaktionssystem mit dem sich vom $TiCl_4$ abspaltenden Chlor Cl zu Salzsäure HCl. Durch die Versuchsreihe zeichnet sich nun ab, daß nicht etwa der Austausch von Reaktanden an der Oberfläche für die Reaktionsgeschwindigkeit verantwortlich ist, sondern daß vielmehr der Antransport von Reaktionsedukten an die Oberfläche das Schichtwachstum steuert.

Wasserstoff steht für den Abtransport des bei den Oberflächenreaktionen entstehenden Chlors bereits in solchen Mengen zur Verfügung, daß eine weitere Steigerung des Schichtwachstums durch eine Erhöhung der Wasserstoffmenge nicht erreicht wird. Diese Aussage wird gestützt durch den Verlauf der Schichthärte, da eine Steigerung der Schichthärte, die aus einer Verringerung des Chloreinbaus in die Schicht resultieren würde, nicht festgestellt werden kann.

Schichtwachstum und Härte bei unterschiedlichem Argongehalt

Die Variation der Menge des zugeführten Argon bestand aus Anhebung um 5 l/h von 55 l/h auf 75 l/h. Der Einfluß des Argons auf die Wachstumsrate und die Schichthärte ist in Bild 5.11 dargestellt.

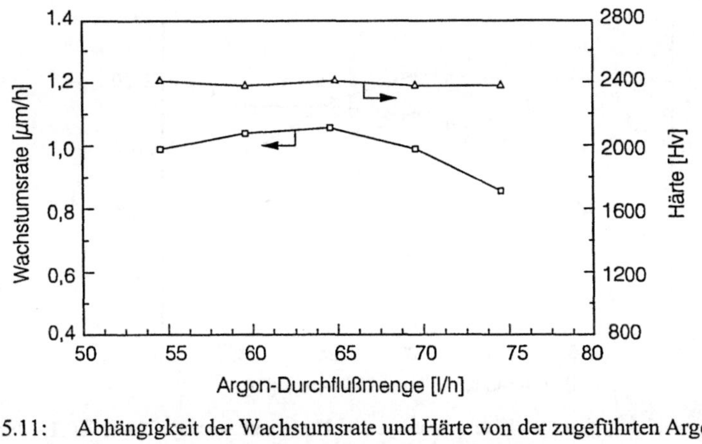

Bild 5.11: Abhängigkeit der Wachstumsrate und Härte von der zugeführten Argonmenge

Obwohl Argon dem Prozeß nur wegen seiner plasmastabilisierenden Wirkung zugeführt wird aber an der Reaktion nicht teilnimmt, hat die Argonmenge einen Einfluß auf die Wachstumsrate. Bei einer Argonmenge bis 65 l/h wird eine Steigerung der Wachstumsrate sichtbar. Doch bei einer Argonmenge über 65 l/h sinkt die Wachstumsrate wieder ab. Auf die Schichthärte hat Argon geringen Einfluß. Es wurden durchgehend gute Härtewerte von 2400 HV bis 2450 HV erzielt. Dies ist ein Hinweis darauf, daß Argon im wesentlichen keinen unmittelbaren Einfluß auf die Reaktion hat. Der Anstieg der Wachstumsrate bis zu Werten von 65 l/h ist mit dem Einfluß von Argon auf die Ausbildung des Glimmsaums zu erklären. Mit zunehmendem Argongehalt im Gesamtgasgemisch kommt es zu einer Abnahme der Dunkelraumschichtdicke. Dies bedeutet der energiereiche Glimmsaum hat mit zunehmender

Energiedichte, als Folge der Argonmengenerhöhung, einen geringeren Abstand zur Oberfläche. Die für die ablaufenden Reaktionen notwendige Energie erhöht sich über der Oberfläche und als Folge davon nimmt das Schichtwachstum ab. Die Reaktionen laufen also zunehmend im Raum ab und nicht mehr an der Oberfläche. Dieser Effekt, daß mit zunehmender Energiedichte das Schichtwachstum abnimmt, wird ebenfalls bei einer Erhöhung der Plasmaenergie durch die Erhöhung der Plasmaspannung festgestellt.

Variation von $TiCl_4$

Die Variation der Menge des zugeführten $TiCl_4$ bestand aus der Anhebung um 5 g/h von 10 g/h auf 30 g/h. Der Einfluß des Titantetrachlorids auf die Wachstumsrate und die Schichthärte ist in Bild 5.12 dargestellt.

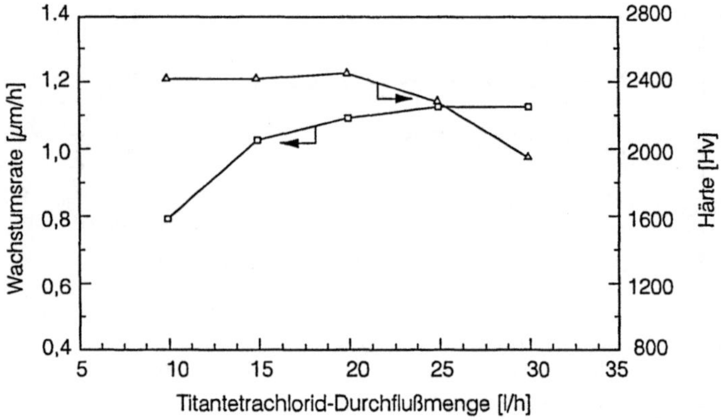

Bild 5.12: Abhängigkeit der Wachstumsrate und Härte von der zugeführten $TiCl_4$-Menge

Mit zunehmendem Anteil des schichtbildenden $TiCl_4$ konnte auch eine Zunahme der Wachstumsrate verzeichnet werden. Auf die Härte der Schichten hatte die zunehmende $TiCl_4$-Menge erst ab Werten über 20 g/h einen Einfluß. Die dem Reaktionsgemisch zugeführte $TiCl_4$-Menge kann also bis zu 20 g/h ohne einen Einfluß auf den Chlorgehalt reagieren. Das Schichtwachstum steigt entsprechend der zugeführten Titantetrachloridmenge an. Wieder zeichnet sich ab, daß der Antransport von Reaktionsedukten an die Oberfläche das Schichtwachstum steuert. Zu einer Abflachung des Verlaufes kommt es, da nicht im gleichen Maß die für die Reaktion benötigte Stickstoffmenge erhöht wird.

Scratch- und Tribotestergebnisse

Bei der Beurteilung der durchgeführten Versuche wird auf die Haftfestigkeit im einzelnen nicht eingegangen. Alle erzielten Schichten hielten einer kritischen Last von mindestens 80 N stand. Als Versagenskriterium beim Scratchtest stellte sich das Nachgeben des Grundmaterials heraus. Dieser Vorgang wird vom Anstieg der Reibkraft und einem tieferen Eindringen des Diamanten ins Grundmaterial begleitet. Die auftretenden Risse am Rand der Scratchspur konnten für die Klassifizierung der kritischen Last nicht verwendet werden.

Zur Ermittlung der tribologischen Eigenschaften wurden oszillierende Messungen durchgeführt. Der Reibwert μ der TiN-Schichten lag für Hartmetall als Gegenkörper zwischen 0,14 und 0,15. Für die Keramikkugel ergaben sich Reibwerte μ von 0,42 bis 0,45. Der Reibwert μ der Schichten gegen den Kugellagerstahl 100Cr6 wurde mit 0,54 bis 0,56 ermittelt.

Ergebnisse der REM- und EDX- Untersuchungen

Die rasterelektronenmikroskopischen Aufnahmen zeigten eine feine Struktur der aufgebrachten TiN-Schichten, weder ein stengeliges noch ein kristallines Wachstum konnte festgestellt werden (Bild 5.13). Die Oberfläche der TiN-Schicht bildete im allgemeinen die Oberflächentopographie des Ausgangssubstrates ab. Offensichtliche Defekte konnten nicht beobachtet werden.

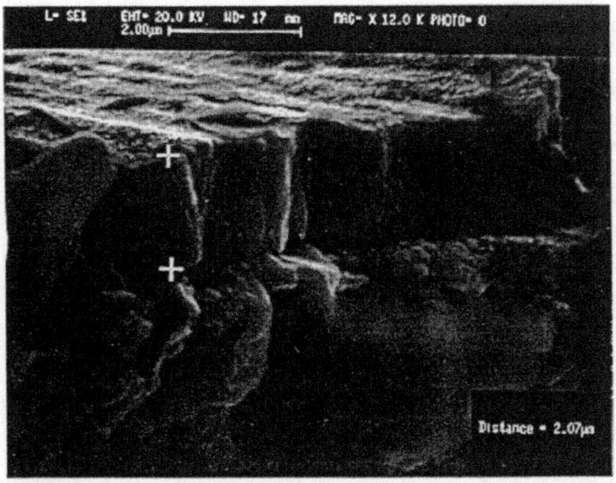

Bild 5.13: Bruchstruktur einer TiN-Hartstoffschicht

Die Ermittlung der chemischen Zusammensetzung der Schichten mit dem EDX-Verfahren ergab, daß stöchiometrische TiN-Schichten (At.% Ti ≅ At.% N) abgeschieden wurden. Die Chlorgehalte wurden zwischen 4 und 8 Atomprozent ermittelt. Weitere Elemente konnten in den Schichten aufgrund der hohen Nachweisgrenze des Verfahrens nicht ermittelt werden. Die Auswertung der Ergebnisse mit variierenden Versuchsparametern ergab, daß der Chlorgehalt der Schichten einen eindeutigen Zusammenhang mit der Wachstumsrate zeigt.

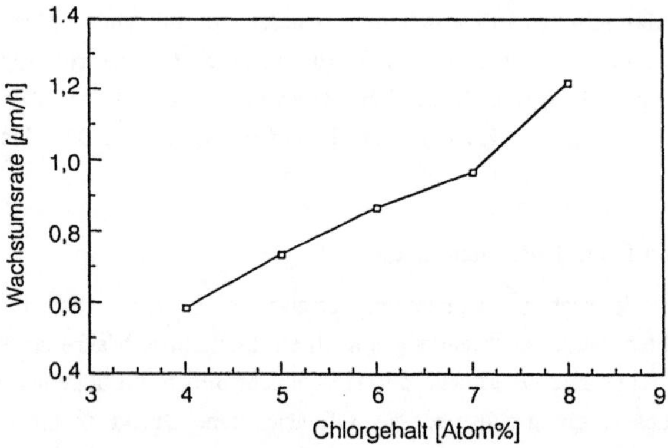

Bild 5.14: Zusammenhang zwischen Wachstumsrate und Chlorgehalt

Mit zunehmender Wachstumsrate wurde eine Zunahme der Chlorgehalte ermittelt. Der vermehrte Einbau von Chlor in die Schicht führte zu einer Abnahme der Härte.

Ergebnisse der TEM-, und SAD-Untersuchungen

An ausgewählten Proben wurden durchstrahlungselektronenmikroskopische (TEM) Untersuchungen durchgeführt. Es zeigte sich ein besonders feinkristallines Gefüge (Bild 5.15).

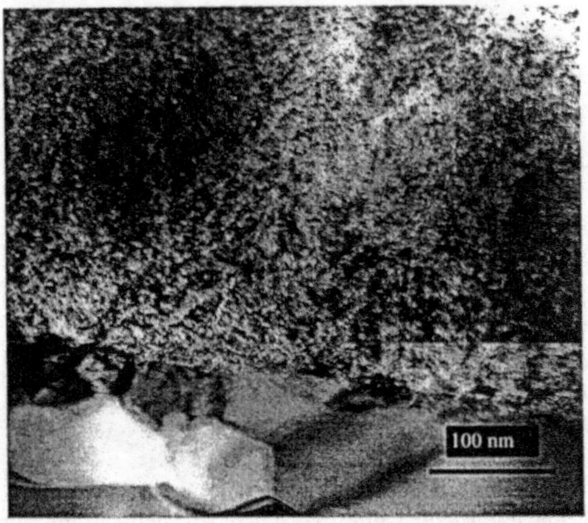

Bild 5.15: TEM-Aufnahme: Ausschnitt aus dem Interfacebereich einer TiN-Schicht. Die Schicht ist frei von Defekten. Eine Übergangsschicht ist nicht vorhanden.

An einer Probe wurde die Kritallitgröße bestimmt. Der Korndurchmesser wurde im vorliegenden Fall mit ca. 12 nm ermittelt. Die Auswertung ergab desweiteren eine gute Schichtanhaftung auf dem Substrat. Eine speziell ausgeprägte Übergangsschicht ist nicht vorhanden und die Schicht ist vollkommen frei von Defekten.

a

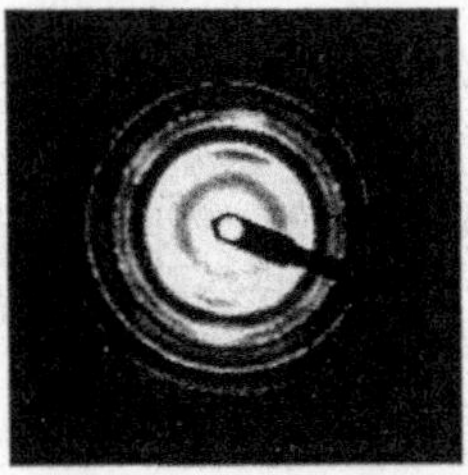

b

Bild 5.16: SAD-Aufnahme a.) texturfreie TiN-Schicht und b.) Schicht mit 220-Textur.

Mittels der Elektronenbeugungsanalytik (SAD) wurde ermittelt, daß die TiN-Schicht keine Textur aufweist (Bild 5.16). Dies ist an der gleichmäßigen Helligkeit der Ringe erkennbar.

Zum Vergleich ist der SAD-Aufnahme der TiN-Schicht eine SAD-Aufnahme einer anderen Schicht gegenübergestellt, die eine eindeutige 220-Orientierung aufweist.

5.4 Abscheidung von Kombinationsschichten

Durch die Variation der Nitrierparameter konnte eine verbindungsschichtfreie Nitrierung trotz hoher Härtetiefe erreicht werden. Die Variation der Beschichtungsparameter führte zu Abscheidebedingungen die eine Herstellung von texturfreien, feinkristallinen TiN-Schichten, mit geringen Chlorgehalten ermöglicht.

Das plasmaunterstützte Nitrieren wird im folgenden mit der plasmaunterstützen chemischen Abscheidung von TiN-Hartstoffschichten in einem Verfahrensablauf kombiniert. Die Herstellung dieses Schichtverbundes soll auf der Basis der erzielten Parameter zu einer leistungsfähigen Kombinationsschicht führen.

5.4.1 Versuchsdurchführung

Die in Tabelle 5.3 aufgeführten Parameter sollen bei der Nitrierbehandlung zur Abscheidung von Kombinationsschichten Verwendung finden.

Temperatur [°C]	Leistung [W/cm^2]	Druck [Pa]	Zeit [h]	Gas Mix N2 : H2 [l/h]
500	1,8	300	10	20 : 80

Tabelle 5.3: Nitrierparameter

Zur Herstellung der TiN-Schichten wurden die in Tabelle 5.4 ermittelten Beschichtungsparameter verwendet.

Plasma	Leistung [W/cm^2]	P_{on}/P_{off} [µs/µs]	Druck [P]	Temp. [°C]	$TiCl_4$ [Vol%]	N_2 [Vol%]	H_2 [Vol%]	Ar [Vol%]
puls d.c	0,3-0,4	100/400	200	530	0,3-0,5	21	63	15

Tabelle 5.4: Beschichtungsparameter

Für die Herstellung der Kombinationsschichten wurde die nachfolgend beschriebene Vorgehensweise eingehalten. Ein Versuch lief im einzelnen wie folgt ab:

1. Proben in Alkohol reinigen
2. Einlegen der Proben in den Reaktor
3. Schließen und Evakuieren des Reaktors auf einen Restdruck von 1 bis 2 Pa
4. Programmieren der Anlage und Start des Behandlungsablaufs
5. Aufheizen auf 500°C, Dauer ca. 4 Stunden
6. Einleiten der Gase zum Nitrieren, zünden des Plasmas
7. Durchführung der Nitrierbehandlung bei den vorgewählten Parametern
8. Abstellung der Gaszufuhr und Abschaltung des Plasma, Aufheizen auf 530°C
9. Zuführen von Ar, H_2 und N_2 in der für die Beschichtung benötigten Menge
10. Zünden des Plasmas und Einstellen stabiler Bedingungen abwarten (ca. 2 bis 3 Minuten)
11. Zuführen von TiCl4 und beschichten mit vorgegebener Dauer
12. Zum Beenden der Beschichtung Abstellen der $TiCl_4$-Zuführung, danach Abstellen der Gase
13. Evakuieren des Reaktors auf einen Restdruck von 1 bis 2 Pa
14. Abkühlen der Anlage, Dauer ca. 2 Stunden und Reinigen der Tiefkühlfalle
15. Bei Erreichen der Mindesttemperatur von ca. 100°C im Reaktorinneren; belüften, öffnen und Entnahme der Proben
16. Reinigen der Anlage

5.4.2 Eigenschaften der Kombinationsschichten

Die Eigenschaften der Kombinationsschichten gaben im wesentlichen die Eigenschaften aus den Einzelversuchsreihen (Kap. 5.2.3 und 5.3.3) wieder. Die Ergebnisse der unterschiedlichen Werkstoffe 1.2379 und 1.2367, ergaben außer einer etwas geringeren Nitrierhärtetiefe des höherlegierten Werkstoffs 1.2379 keine nenneswerten Unterschiede. Die Ausbildung einer Verbindungsschicht konnte auch beim kombinierten Prozeß vermieden werden.

Härteverlauf

Der Härteverlauf einer nur TiN-beschichteten Probe ist in Bild 5.17 einer nitrierten und beschichteten Probe gegenübergestellt. Das Ergebnis verdeutlicht den wesentlichen Vorteil der Kombinationsbeschichtung. Die Diffusion von Stickstoff in das Substrat hinein sorgt für einen stetigen Übergang von der behandelten Zone (Nitrierschichtoberflächenhärte ca. 1200 HV) zum gehärteten Kernwerkstoff (Kernhärte ca. 600 HV), so daß eine Stützwirkung für die nachfolgend abgeschiedene Hartstoffschicht (Schichthärte ca. 2400 HV) erzielt werden kann. Da sowohl die Nitrierbehandlung als auch die Abscheidung der Hartstoffschicht unter der Anlaßtemperatur der gehärteten Werkstücke von 540- 550°C vorgenommen wird, tritt keine nachteilige Erweichung des zäh-elastischen Kerns durch Anlaßvorgänge auf. Desweiteren tritt kein Verzug in den Bauelementen auf. Die Maßhaltigkeit bleibt in den eingestellten Toleranzgrenzen, erweitert um die Schichtdicke der TiN-Schichten, erhalten. Desweiteren besitzt die Nitrierschicht beim Versagen der TiN-Schicht Notlaufeigenschaften.

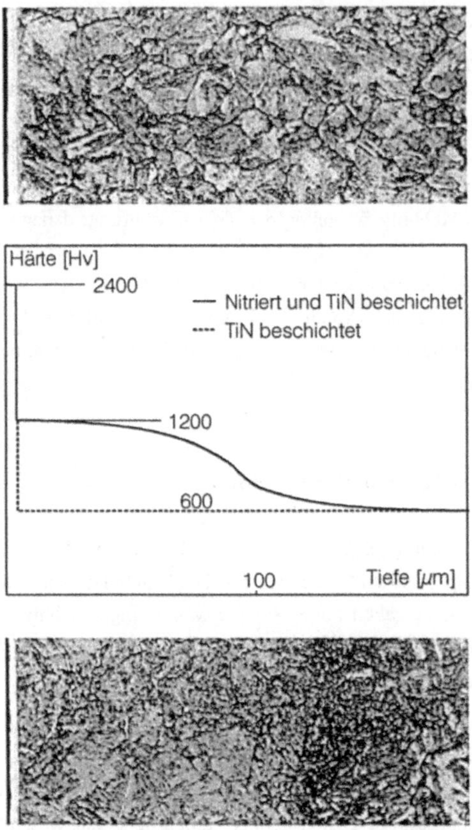

a

b

c

Bild 5.17 a. Querschliff einer nur TiN-beschichteten Probe b. Schematische Darstellung der Härteverläufe c. Querschliff einer nitrierten und TiN-beschichteten Probe

Scratchtestergebnisse

Als Versagenskriterium von beschichteten Proben ohne Nitrierschicht stellte sich das Nachgeben des Grundmaterials heraus. Dieser Vorgang wird vom Anstieg der Reibkraft und einem tieferen Eindringen des Diamanten ins Grundmaterial begleitet. Bei vergleichbaren Lasten ist die Scratchspur an einer nitrierten und beschichteten Probe zwar gerissen, jedoch noch immer vorhanden. Das tiefe Eindringen des Diamanten in das Grundmaterial tritt in geringerem Umfang auf. Die bei nur beschichteten Proben auftretenden Abplatzungen am Rand oder Risse im Grund der Scratchspur konnten nicht festgestellt werden. Die Ergebnisse der Scratchversuche zeigen deutlich die Stützwirkung der nitrierten Diffusionschicht auf (Bild 5.18).

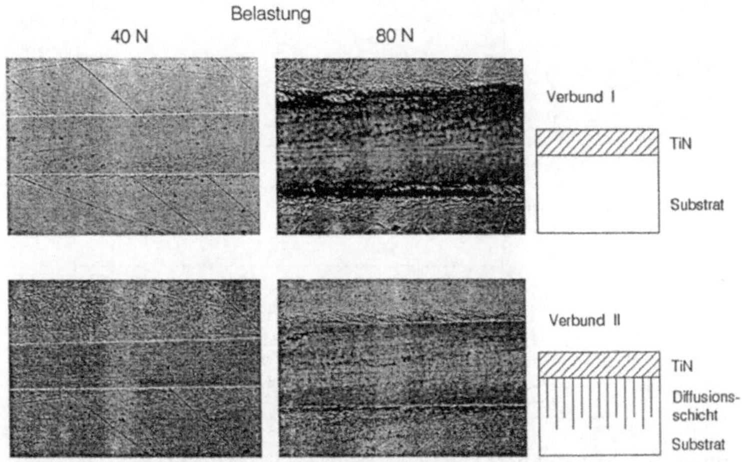

Bild 5.18: Scratch-Spuren bei $F_N = 40$ N und $F_N = 80$ N
Verbund I TiN/Substrat
Verbund II TiN/Diffusionsschicht/Substrat

Tribotestergebnisse

Zur Ermittlung der Verschleißbeständigkeit wurden oszillierende tribologische Versuche durchgeführt. Für die Messungen wurden die in Kapitel 5.3.2 beschriebenen Parameter verwendet. Als Gegenkörper wurde eine Kugel aus dem Werkstoff 100Cr6 verwendet. Zur Ermittlung der Verschleißgrenze wird die Messung bis zum Versagen der Schicht durchgeführt. Der Verschleißgrenzwert wird durch die Änderung der Reibkraft oder durch optische Auswertung der Verschleißspur ermittelt. In Bild 5.19 ist das Protokoll einer oszillierenden Tribo-Messung an einer nitrierten und beschichteten Probe dargestellt. Das Schichtversagen wurde nach 12000 Hüben ermittelt.

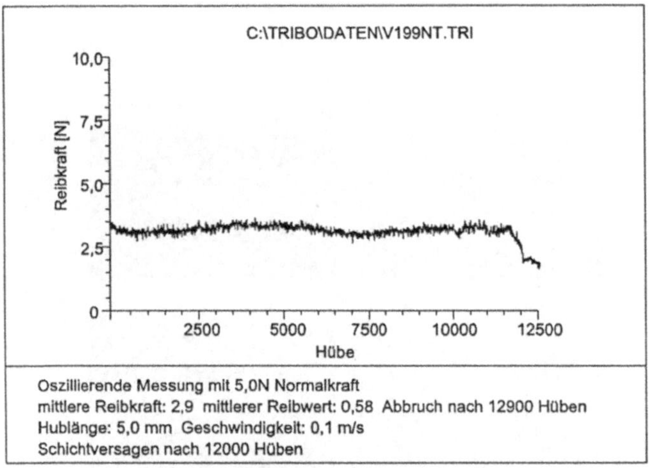

Bild 5.19 Original-Protokoll einer oszillierenden Tribo-Messung an einer nitrierten und beschichteten Probe. Schichtversagen nach 12000 Hüben.

Für die Verschleißgrenze an nur TiN-beschichteten Proben wurden Standzeitwerte zwischen 1000 und 2000 Hüben ermittelt. Die Verschleißgrenze der nitrierten und beschichteten Probenkörper ergab sich bei 12000 bis 14000 Hüben und war damit um das 8 bis 10-fache höher als bei nur beschichteten Proben. Dieses Ergebnis belegt eindrucksvoll die Stützwirkung der Nitrierschicht für die nachfolgende TiN-Hartstoffschicht.

In Bild 5.20 sind die Verschleißspuren unterschiedlich behandelter Proben nach 2000 Hüben abgebildet. Beim Verbund I, TiN/Substrat ist die Titannitridschicht vollkommen abgetragen. Dagegen ist beim Verbund II, TiN/Diffussionsschicht/Substrat die Titannitridschicht weitestgehend erhalten.

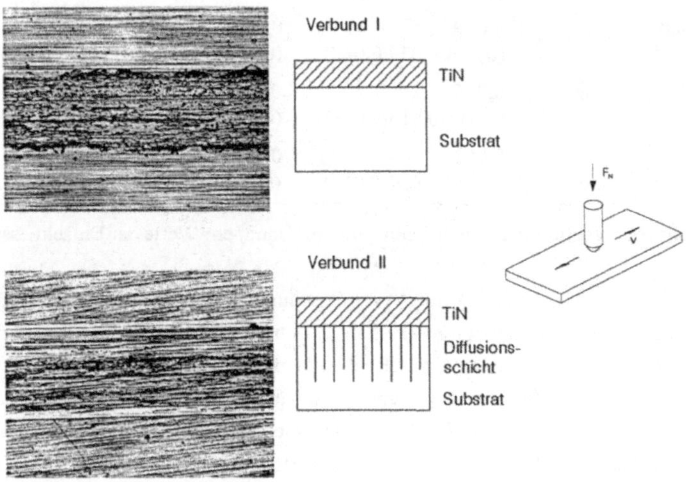

Bild 5.20: Verschleißspuren unterschiedlich behandelter Proben nach 2000 Hüben
Verbund I TiN/Substrat, Schicht ist vollkommen abgetragen
Verbund II TiN/Diffusionsschicht/Substrat, Schicht ist weitestgehend erhalten

Wie die Versuche zeigen, ist das gesteckte Ziel die Abscheidung von qualitativ hochwertigen Kombinationsschichten in einem Prozeßablauf technisch möglich und wirtschaftlich vorteilhaft.

Ergebnisse der Rauheitsmessungen

Um zu ermitteln, welchen Einfluß das jeweilige Behandlungsverfahren auf die Rauhigkeit hat, wurden vier gehärtete Probenkörper aus dem Werkstoff 1.2367 zunächst poliert. Anschließend wurde eine Probe nitriert, eine Probe TiN-beschichtet und eine Probe wurde einer Kombinationsbehandlung unterzogen. Die vierte Probe blieb unbehandelt und diente als

Referenz. An den so behandelten Proben wurden die Rauhigkeitskennwerte durch die Auswertung von jeweils drei Rauheitsprofilen ermittelt (Tabelle 5.5). Die für die Messungen verwendeten Parameter sind in Kapitel 5.3.2 beschrieben.

Art der Proben-behandlung	R_a [µm]	R_z [µm]	R_{max} [µm]
unbehandelt	0,008 (0,007/0,008/0,008)	0,041 (0.039/0,040/0,043)	0,062 (0,047/0,062/0,076)
nitriert	0,039 (0,038/0,039/0,040)	0,294 (0,274/0,318/0,291)	0,376 (0,366/0,388/0,373)
TiN-beschichtet	0,015 (0,014/0,015/0,016)	0,103 (0,104/0,097/0,109)	0,135 (0,131/0,150/0,123)
nitriert + TiN-beschichtet	0,052 (0,047/0,052/0,057)	0,352 (0,342/0,341/0,374)	0,465 (0,521/0,411/0,463)

Tabelle 5.5: gemittelte Rauheitskennwerte, in Klammern Werte der Einzelmessungen

Die Werte weisen einen eindeutigen Zusammenhang zwischen der Rauheit und dem jeweiligen Behandlungsverfahren auf. Beim Nitrieren führt der Ioneneschuß der Oberfläche zu einer deutlichen Zunahme der Rauheitskennwerte. Einzelne Teilchen werden von der Oberfläche abgestäubt, da die angeregten Elemente mit hoher Energie auf die Oberfläche auftreffen. Der wesentliche Grund für die Zunahme der Rauhigkeit beim TiN-Beschichtungsprozeß mittels des PACVD-Verfahren liegt darin, daß Aufwachsprozesse an Spitzen und Erhebungen durch eine erhöhte Energiedichte sowie höhere Massentransportgeschwindigkeiten bevorzugt ablaufen. Es handelt sich also um ein abbildendes Verfahren, wobei die Oberflächerauheit erhöht wird. Die Kombination der Verfahren führt dann zu einer Addition der Zunahmen der Rauheitskennwerte, wie diese entsprechend den Einzelverfahren ermittelt wurden.

Um einen Eindruck über den Einfluß der Behandlungsverfahren auf die Topographie zu erhalten, wurde an allen Proben zwei-dimensionale Rauheitsprofile erfaßt (Bild 5.21). Die zwei-dimensionalen Rauheitsprofile decken sich im wesentlichen mit den Ergebnissen der gemittelten Rauheitskennwerte. Sehr deutlich wird sichtbar, daß die jeweilige Behandlung nur Nitrieren bzw. nur TiN-Beschichten für sich genommen zu einer Erhöhung der Rauheitskennwerte führt. Bei der Kombination der Verfahren kommt es dann, wie bereits bei denn gemittelten Rauheitskennwerten festgestellt, zur Addition der Zunahmen der Rauheitskennwerte.

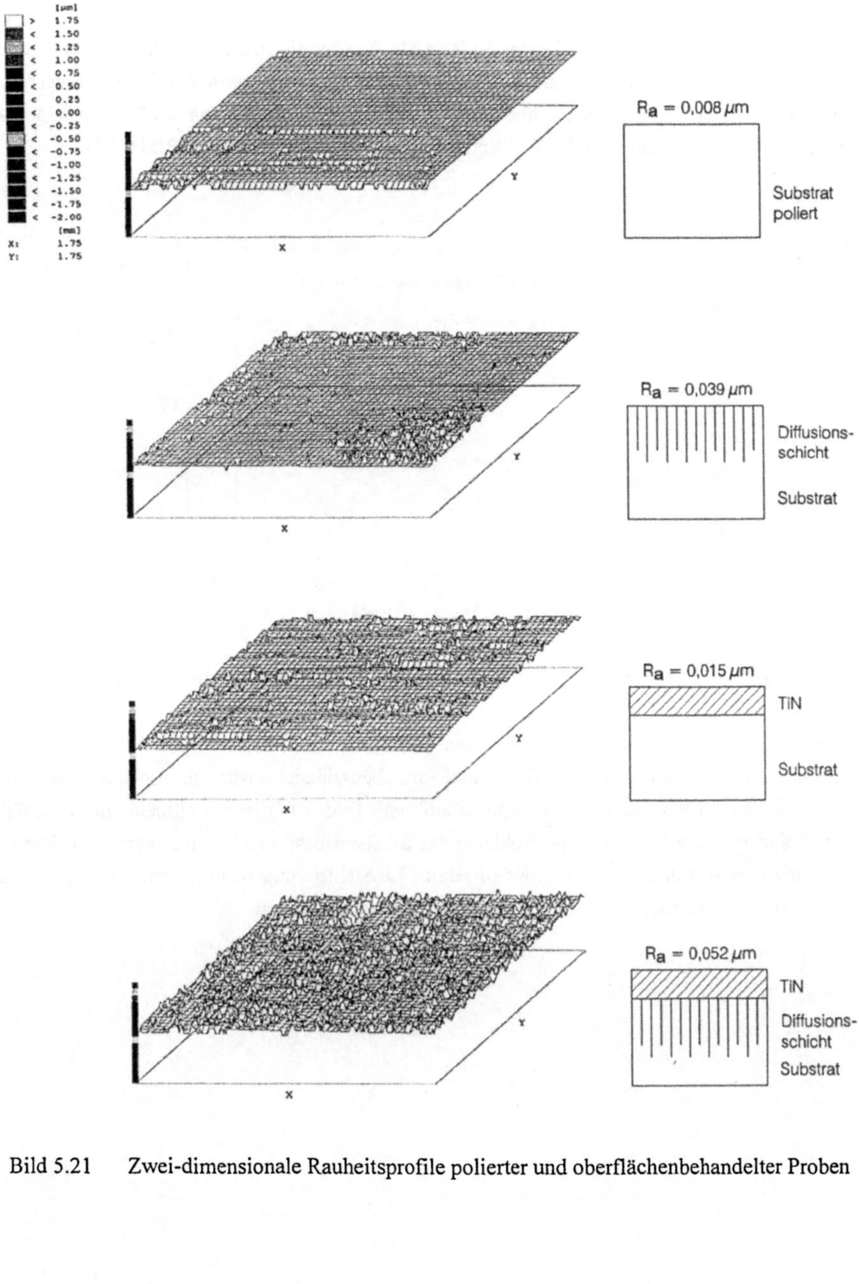

Bild 5.21 Zwei-dimensionale Rauheitsprofile polierter und oberflächenbehandelter Proben

Ergebnisse der WDX- Untersuchungen

Entsprechend den Angaben in Kapitel 5.3.2 wurde an einer nitrierten und beschichteten Probe ein einbettungsfreier Schrägschliff vorgenommen. An der Probe wurde ein Schliffwinkel von drei Grad eingestellt. Mit WDX-linescans (Punktabstand = 5 µm) wurden Ti-, N- und Cl-Verläufe beim Übergang von der TiN-Schicht ins Stahlsubstrat bestimmt (Bild 5.22).

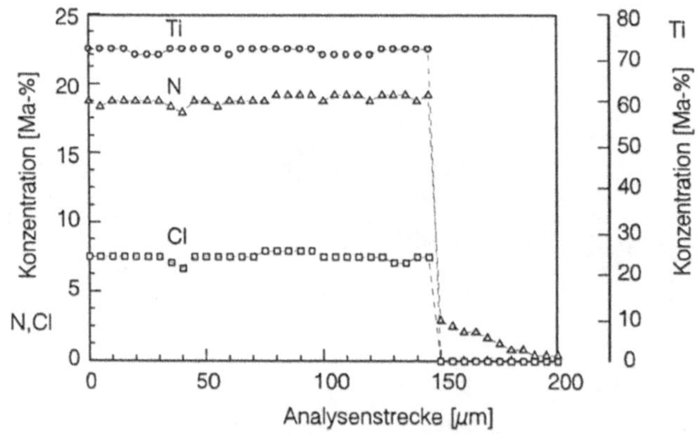

Bild 5.22: WDX-linescan am Schrägschliff einer nitrierten und beschichteten Probe

Die Ermittlung der chemischen Zusammensetzung der Schichten mit dem WDX-Verfahren ergibt, daß stöchiometrische TiN-Schichten abgeschieden wurden. Entsprechend der Diffusionskurve bzw. dem Nitrierhärteverlauf (vgl. Bild 5.17) ist ein allmählicher N-Abfall ins Stahlsubstrat erkennbar. Die Probleme der Stickstoffbestimmung sind niedrige Zählraten und die durchzuführende Untergrundkorrektur. Eine Nitrierung ist aber trotzdem bis in eine Tiefe von 50 µm ausgehend von der Stahloberfläche nachweisbar.

5.5 Diskussion der Ergebnisse

Durch die Variation der Nitrierparameter soll eine verbindungsschichtfreie Nitrierung mit hoher Nitrierhärtetiefe erreicht werden. Das Erreichen dieses Ergebnisses wird durch die im folgenden beschriebenen Faktoren beeinflußt.

Mit der Steigerung der Nitriertemperatur nimmt die Diffusionsfähigkeit des Stickstoffs in das Substratmaterial zu, und die Oberflächenhärte und die Nitrierhärtetiefe steigt mit zunhemender Behandlungstemeperatur an. Da die Nitrierbehandlung im vorliegenden Fall an gehärteten und fertigbearbeiteten Werkstücken vorgenommen werden soll, ergibt sich die obere Temperaturschranke aus der Anlaßbeständigkeit von gehärteten Werkstoffe. Wird die Behandlung über der Anlaßtemperatur durchgeführt, kommt es zur Entfestigung des Gesamtgefüges. Obwohl die Diffusionstiefe weiter gesteigert wird, führt diese Entfestigung zu einer Abnahme der Kernhärte des Bauteils. Die Ursache für diese Entfestigung liegt in der Rückbildung des beim Härtevorgang entstehenden Martensits zu Ferrit durch die Rückdiffusion von Kohlenstoff in die Korngrenzen.

Zur Aufrechterhaltung des angeregten Zustandes der Prozeßgase beim Plasmanitrierprozeß wird elektrische Leistung zugeführt. Die Diffusionsvorgänge beim verbindungsschichtfreien Nitrieren werden im wesentlichen bestimmt durch die Bereitstellung von atomarem Stickstoff an der Oberfläche. Mit zunehmender Leistungsdichte steht dieser vermehrt zur Verfügung. Desweiteren sind die mit zunehmender Leistungsdichte auftretenden Oberflächenreaktionen, vornehmlich verbesserte Adsorption, für den eindeutigen Zusammenhang zwischen Leistungsdichte und Diffusionstiefe verantwortlich. Die Leistungsdichte wird begrenzt durch das Auftreten von Bogenentladungen, die zu kraterförmigen Fehlstellen auf den Substraten führen.

Eine Veränderung des Behandlungsdrucks beim Nitrierprozeß führt zu zwei Effekten. Zum einen ändern sich die Anzahl der Teilchen je Volumenanteil sowie die Stoßraten auf die begrenzenden Flächen als Funktion des Druckes. Die Erklärung für die einsetzende Verbindungschichtbildung mit zunehmendem Druck könnte in dem vermehrten Angebot an Stickstoff an der Oberfläche liegen. Durch das Überangebot von Stickstoff an der Oberfläche wird die Diffusion des Stickstoffs zunehmend abgelöst von Verbindungsreaktionen zwischen den Elementen Eisen sowie den Legierungsbestandteilen zu Eisen- und den Legierungsnitriden, die dann die Verbindungsschicht bilden. Zum anderen wird die Dunkelraumschichtdicke im Kathodenglimmsaum durch den Druck beeinflußt (vgl. Bild 5.23). Die Dunkelraumschichtdicke nimmt mit zunehmendem Druck ab. Dies hat zur Folge, daß sich der energiereiche Glimmsaum mit zunehmendem Druck der Kathodenoberfläche annähert und somit ebenfalls wieder ein Überangebot an angeregten Teilchen zur Verfügung steht. Dieses Überangebot führt beim Überschreiten einer gewissen Grenzkonzentration zur Ausbildung der Verbindungsschicht.

Der Einfluß der Behandlungszeit auf die Nitrierung kann bei Ausbleiben einer Verbindungsschichtbildung durch Diffusionsvorgänge erklärt werden. In einem System, in welchem örtliche Konzentrationsunterschiede vorliegen, findet ein Transport von Teilchen statt mit dem Bestreben, die Konzentration auszugleichen. Eine quantitative Beschreibung dieser Transportvorgänge geht auf Adolf Fick zurück /Fic/. Auf der Basis dieser Funktionen lassen sich für die untersuchten Werkstoffe, die Nitriertiefen bei Verwendung definierter Parametersätze vorherbestimmen. Die erforderliche Zeitdauer, zur Erzielung einer gewünschten beanspruchungsgerechten Nitriertiefe läßt sich dadurch im Vorfeld einer Nitrierbehandlung ermitteln (vgl. Kap. 5.2.3).

Die Ergebnisse beim Abscheiden von TiN-Schichten mittels der PACVD-Technik lassen sich wie folgt zusammenfassen. Zwei wesentliche Teilaspekte bestimmen das Schichtwachstum sowie die Schichtzusammensetzung. Zum einen sind Austauschprozesse der schichtbildenden Reaktanden an der Werkstoffoberfläche für die Gesamtreaktionen bestimmend, zum anderen ist die Ausbildung des beim PACVD-Prozeß vorhandenen Glimmsaums für das Beschichtungsergebniss entscheidend.

Aus den Versuchen mit unterschiedlicher Zusammensetzung der Prozeßgase ergibt sich folgende Vorstellung, welche Vorgänge für die Schichtbildung limitierend wirken. Eine Aussage die getroffen wird ist, daß das Schichtwachstum durch die Verweildauer eines in seiner Zusammensetzung konstanten Gasgemisches gesteuert wird. Eine Verringerung der Verweildauer durch die Erhöhung des Wasserstoffanteils im Reaktionsgas ergibt jedoch keine Steigerung des Schichtwachstums. Dies läßt den Schluß zu, daß der Antransport der schichtbildenden Edukte $TiCl_4$ und N_2 für das Schichtwachstum zu TiN bedeutender ist, als der Abtransport der sich bildenden Salzsäuregase. Zwischen der Schichtwachstumsrate und dem Chlorgehalt wurde ein linearer Zusammenhang festgestellt. Die Ursache hierfür wird darin vermutet, das atomares Chlor an der schichtbildenden Oberfläche mit zunehmender TiN-Bildung nicht mehr vollständig mit dem Wasserstoff reagiert und dann vermehrt in die Schicht eingebaut wird. Die Wachstumsrate wird vornehmlich vom Antransport der schichtbildenden Substanzen bestimmt, der Abtransport des Reaktionsproduktes Chlor kann jedoch nicht in derselben Weise durch eine Steigerung des Wasserstoffangebotes beschleunigt werden. Über einer Wachstumsrate von ca. 1 µm/h wird ein Einfluß des Chloreinbaus auf die Schichthärte festgestellt. Der Chlorgehalt in der Schicht beträgt dabei 5 - 6 Atom%.

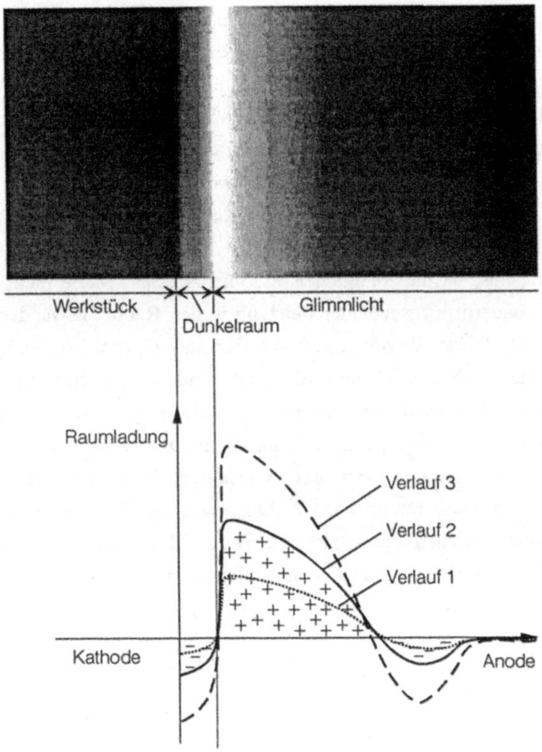

Bild 5.23: Abbildung des Glimmsaums und der Raumladungsverteilung

Die Schichtbildung von Titannitridschichten (TiN) mittels des PACVD-Verfahrens erfolgt gemäß der Reaktionsgleichung:

$$2\,TiCl_4 + N_2 + 4\,H_2 \rightarrow 2\,TiN + 8\,HCl \qquad (5.12)$$

Diese Reaktion ist bei Raumtemperatur endotherm. Erst ab Temperaturen von ca. 650 °C verschiebt sich das Gleichgewicht auf die Produktseite. Die für die Absenkung der Reaktionstemperatur erforderliche Energie wird durch das Plasma zugeführt. Diese wird verfahrensbedingt überwiegend im energiereichen Glimmsaum an der Kathodenoberfläche umgesetzt. Für die Umsetzung der Reaktionsedukte zum erwünschten Schichtprodukt ergeben sich daraus zwei reaktionslimitierende Grenzzustände. Der erste Grenzustand ist der durch den in Bild 5.23 beschriebene Verlauf 1 der Raumladung. Die für die schichtbildenden Reaktionen benötigte Energie steht nicht in ausreichender Menge zur Verfügung. Diese als ausreichende Energie bezeichnete Größe kann einerseits durch die Plasmspannung bzw. den Plasmastrom begrenzt werden, aber auch eine zu große Menge an energieabsorbierendem $TiCl_4$ oder eine zu geringe Menge des plasmastabilisierenden Argon kann zu einer nicht ausreichenden Energieausbildung im Glimmsaum führen. Die für den Ablauf der Reaktionen optimale Ausbildung des Glimmsaums wird in Bild 5.23 durch den Verlauf 2 der Raumladung beschrieben. In diesem idealen Fall wird die durch die Absenkung der Temperatur fehlende thermische Energie vollständig durch die im Glimmsaum umgesetzte Plasmaenergie ersetzt. Eine weitere Steigerung der Plasmaenergie wirkt sich auf die Schichtbildung negativ aus, da die Reaktionen in zunehmendem Maße nicht mehr an der Oberfläche ablaufen, sondern mit steigender Leistung in den Raum auswandern (Bild 5.23: Glimmsaum Verlauf 3). Diese Vermutung stützt sich auf eigene Erfahrungen, daß mit steigender Leistung das Schichtwachstum abnimmt, und wurde ebenfalls von Archer beschrieben, der bei zu hohen Leistungen nur noch pulverförmiges bzw. staubförmiges TiN ohne Anhaftung an der Oberfläche abgeschieden hat /Arc/. Da wie bereits oben erwähnt, die Energieumsetzung im Glimmsaum von der angelegten Spannung, dem Druck, der Gaszusammensetzung und den räumlichen Verhältnissen im Reaktor abhängt, ist eine eindeutige Aussage unter welchen Verhältnissen sich der Glimmsaum derart ausbildet, daß die gesamte fehlende thermische Energie vollständig durch Plasmaenergie ersetzt wird, derzeit noch nicht möglich.

6 Anwendungen

Bei Maschinen mit Schlüsselfunktionen, deren Stillstand erhebliche Kosten verursacht, sowie bei Systemen, die eine hohe Lebensdauer und Betriebssicherheit erfordern, werden hohe Anforderungen an die Qualität der Bauteile und insbesondere an deren Oberflächen gestellt. Ein entscheidendes Kriterium für die Funktionstüchtigkeit und Standzeit von Präzisionsbauteilen ist deren Verhalten in Bezug auf Verschleiß durch Reibung und Korrosion.

Bild 6.1: Auswahl von Werkzeugen aus dem Bereich der Kunststoffextrusionstechnik und der Warmmassivumformung die für Kombinationsschichten ausgewählt wurden

Beispielhaft für die große Anzahl von Bauteilen, die im allgemeinen Maschinenbau solchen Belastungen ausgesetzt sind, wurden praxisrelevante Vorversuche für Komponenten durchgeführt, die in Maschinen für die Verarbeitung von Kunststoffen eingesetzt werden. Da hier ein Beanspruchungsprofil vorliegt, bei dem Verschleiß und Korrosion gleichzeitig auftreten. Desweiteren wurden Untersuchungen an Versuchswerkzeugen aus dem Bereich der Warmmassivumformung durchgeführt (Bild 6.1). Der bei diesen Werkzeugen auftretende Verschleiß ergibt sich hauptsächlich aus dem Zusammenwirken von thermischer und mechanischer Beanspruchung.

Trotz des Nachweis der technischen Machbarkeit ist in erster Linie die Wirtschaftlichkeit einer Verfahrenstechnik für die Einführung in die industrielle Praxis entscheidend. Daher wird sowohl eine Abschätzung der technischen als auch wirtschaftlichen Möglichkeiten vorgenommen, die sich aus der Kombination von Plasmanitrierung und PACVD-Hartstoffbeschichtung ergeben.

6.1 Einsatz von Kombinationsschichten in der Umformtechnik

Die an Werkzeugen der Warmmassivumformung auftretenden Schäden werden in erster Linie durch die thermische Belastung verursacht. Konventionelle Warmarbeitsstähle versagen in den kritischen Bereichen durch Anlaßvorgänge, die bis in eine Tiefe von 300 µm zu einer bleibenden Entfestigung führen. Da gleichzeitig auch der Widerstand gegen abrasiven und adhäsiven Verschleiß verringert wird, ergeben sich an diesen Stellen aufgrund der komplexen, thermomechanischen und tribologischen Beanspruchungen plastische Verformungen und ein erhöhter Verschleiß.

Aus diesem Beanspruchungsprofil läßt sich die Anwendung der Kombinationsbeschichtung für Werkzeuge in der Warmmassivumformung ableiten. Eine Standmengenerhöhung resultiert aus der kombinierten Randschicht durch Plasmanitrierung zur Erhöhung von Warmfestigkeit und Anlaßbeständigkeit des Grundwerkstoffs mit anschließender Hartstoffbeschichtung gegen adhäsiven und abrasiven Angriff.

Mittels der kombinierten Verfahrenstechnik zur Abscheidung von Kombinationsschichten wurden Umformwerkzeuge aus dem für die Versuche ausgewählten Warmarbeitsstahl nitriert und anschließend TiN beschichtet. Diese wurden am Institut für Umformtechnik und Umformmaschinen (IFUM) der Universität Hannover in Versuchen der Warmmassivumformung auf ihr Verschleißverhalten und ihrer Neigung zur Bildung von Aufträgen untersucht.

Kombinationsbeschichtete Werkzeuge für Verschleißuntersuchungen

Um den bei Umformvorgängen vorliegenden Verhältnissen hinsichtlich Temperaturen, Drücken und Formänderungen gerecht zu werden, wurden bei den Standmengenuntersuchungen Werkzeuge unterschiedlicher Geometrie und damit verschiedener Belastungskollektive untersucht. Bild 6.2 zeigt die für die Untersuchungen verwendeten Werkzeuge.

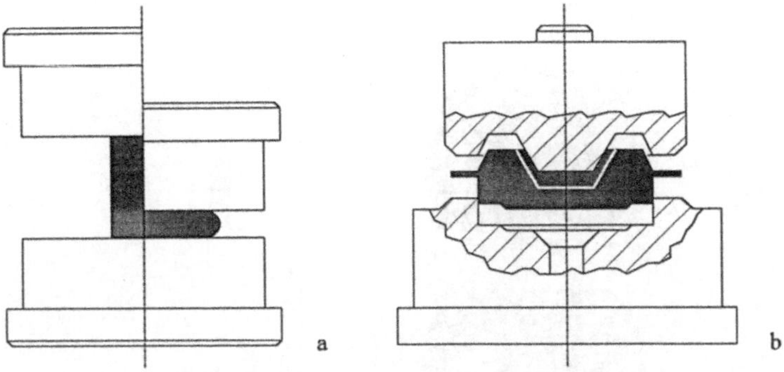

Bild 6.2: Kombinationsbeschichtete Werkzeuge für Verschleißuntersuchungen a.) für Zylinderflachstauchversuche und b.) für das Formpressen mit Grat

Bei den Flachstauchversuchen (Bild 6.2a) handelte es sich um einen einfachen Umformvorgang, bei dem induktiv erhitzte Zylinder (Stangenabschnitte, Werkstoff C45, ∅ 20 × 30 mm) zwischen zwei parallelen kombibehandelten Werkzeugen gestaucht wurden. Zur Verschleißermittlung erfolgte der Ausbau der Werkzeuge nach einer bestimmten Anzahl von Stauchvorgängen. Das Oberflächenprofil senkrecht zur Beanspruchungsrichtung wurde ermittelt.

Desweiteren wurden konturierte Werkzeuge mit einer Werkzeuggeometrie zum Formpressen (Bild 6.2b) mit Kombinationsschichten versehen. An diesen Werkzeugen stellen Dornradius und Gratbahn besonders verschleißgefährdete Gravurbereiche dar. Bei den Standzeitversuchen wurden induktiv erhitzte Zylinder (Stangenabschnitte, Werkstoff C45, ∅ 30 × 40 mm) umgeformt.

Die Umformversuche zur Verschleißbestimmung wurden am IFUM an einer 3150 kN Exzenterpresse mit automatisierter Handhabung, induktiver Erwärmungsanlage sowie automatisierter Werkzeugschmierung durchgeführt.

Standzeitergebnisse von kombinationsbeschichteten Umformwerkzeugen

Die Ergebnisse, die sich aus den Versuchen mit den Flachstauchbahnen ergaben, belegen, daß sich mit Hilfe der Kombinationsschichten der Verschleiß im geschmierten Fall um das 10-fache verringern läßt (Bild 6.3). Die metallographischen Aufnahmen weisen keine Gefügeänderungen und plastische Deformationen auf. Lediglich durch Wärmewechsel hervorgerufene Risse sind zu erkennen. Doch selbst in diesen Bereichen bleibt die Schicht erhalten /Doe/.

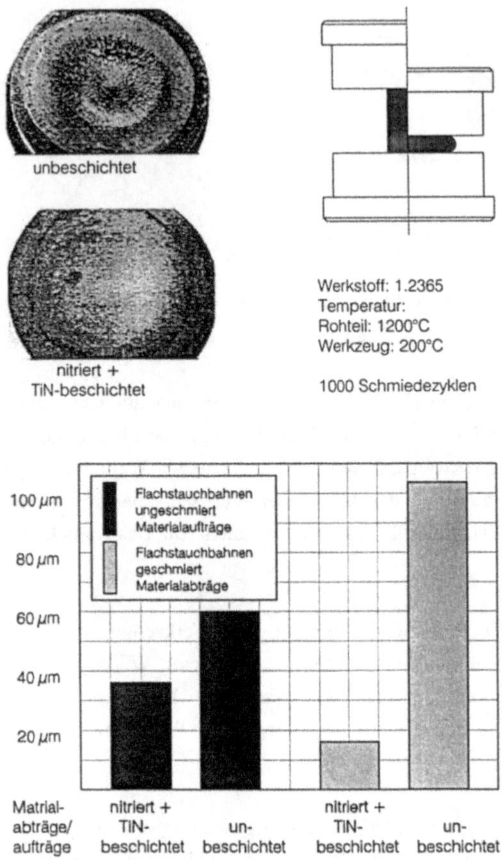

Bild 6.3: Verschleißbeträge von unbehandelten und nitriert + TiN-beschichteten Flachstauchbahnen

Bei konturierten Werkzeugen ist durch Anwendung der Kombinationsschicht eine Halbierung des Werkzeugverschleißes möglich (Bild 6.4). Gemessen wurden Stellen, an denen der größte Verschleiß zu erkennen ist. Es handelt sich dabei um den Bereich des Dornradius. Im unbehandelten Fall sind hier starke plastische Deformationen festzustellen, die aus dem Zusammenspiel der thermischen und mechanischen Belastungen resultieren /Mor3/.

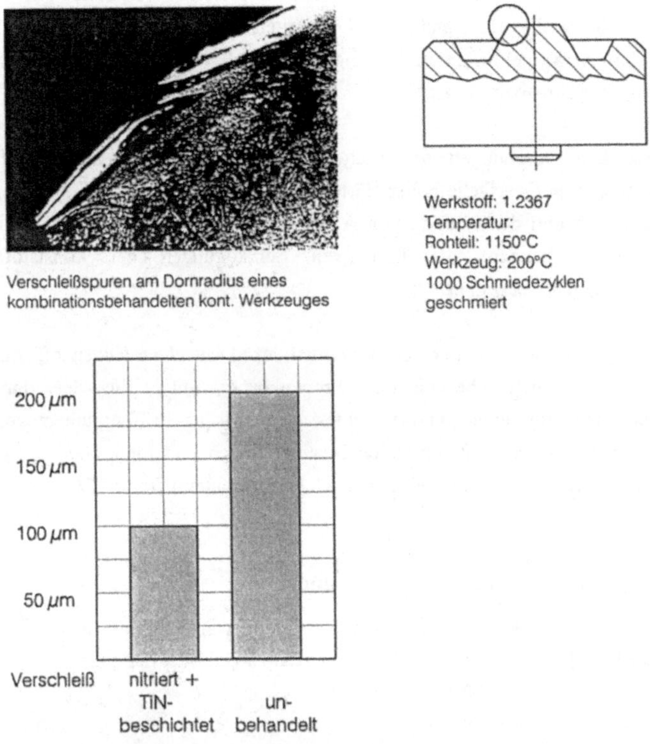

Bild 6.4: Verschleißbeträge von unbehandelten und nitriert + TiN-beschichteten konturierten Werkzeugen

Bei den kombinationsbehandelten Werkzeugen findet nur in einem äußerst begrenzten Bereich am Dornradius Materialabtrag statt. Ansonsten ist die Beschichtung noch auf dem gesamten Werkzeug zu erkennen. Die metallographische Aufnahme zeigt im Bereich des Dornradius die aufgebrochene Schicht und geringe plastische Deformation (Bild 6.4). Aufgrund der stoßartigen mechanischen Belastung bricht die Beschichtung auf und die Nitrierschicht stellt ihre Notlaufeigenschaft unter Beweis /Doe/.

6.2 Einsatz von Kombinationsschichten in der Kunststoffverarbeitung

In der Entwicklung von technisch relevanten Kunststoffen nimmt der Anteil mineralischer und oxidischer Füllstoffe ständig zu. Der Anteil kann 50 % durchaus überschreiten. Die Verarbeitung derartiger Materialmischungen führt zu extrem hoher Verschleißbelastung durch korrosiven und abrasiven Angriff.

Um diese Beanspruchungen zu bestehen, bieten Kombinationsschichten durch die TiN-Beschichtung eine Oberfäche hoher Härte gegen abrasiven Verschleiß, mit geringer Neigung zum Verkleben und der Bildung von Aufträgen. Desweiteren ist durch die Nitrierung eine Stützschicht vorhanden, die korrosiven Schädigungen der kunststoffverarbeitenden Maschinenelemente begegnet.

In grundlagenorientierten Versuchen wurden am Deutschen Kunststoff Institut (DKI) in Darmstadt kombinationsbeschichtete Probenkörper mit Hilfe der dort entwickelten Modellprüfapparature einer praxisgerechten tribologischen Prüfung unterzogen und bewertet. Die Ergebnisse der Kombinationsbeschichtungen wurden den Ergebnissen von Schichtsystemen gegenübergestellt, die nach dem Hochtemperatur-CVD-Verfahren hergestellt wurden.

Beanspruchungsgerechte Werkstückprüfung

Die Beanspruchungssituation im Schmelzbereich von Kunststoffplastifiziereinheiten wird durch die DKI-Plättchenmethode anwendungsnah abgebildet (Bild 6.5).

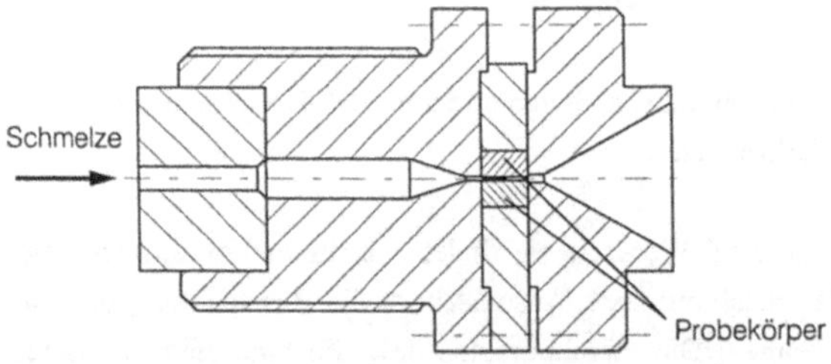

Bild 6.5: Schema der DKI-Plättchenapparatur

Zwei plättchenförmige Probenkörper werden paarweise so in der Düse einer Schneckenspritzgießmaschine angeordnet, daß sie einen schmalen, rechteckigen Spalt für den Durchtritt der plastifizierten Formmasse bilden. Die geometrisch einfache Form der

Probekörper und des Prüfspalts erlauben die vergleichende Charakterisierung des auftretenden Verschleißes. Mit dieser Apparatur kann neben dem abrasiven Verschleißverhalten einer Formmasse auch der korrosive Einfluß bewertet werden /Men/.

Der Formmassendurchsatz betrug je Versuchslauf 2 × 20 kg. Die Spaltweite variierte je nach Kunststoff-Formmasse zwischen 0,2 und 0,4 mm. Überprüft wurde das Verschleißverhalten gegenüber nachchloriertem Polivenylchlorid (PVC-C) und 40%-glasfaserverstärktem Polyphenylensulfid (PPS-GF40).

Versuchsergebnisse von kunststoffbeanspruchten Werkstücken

Die kombinationsbeschichteten Probenkörper wiesen im Vergleich zu den Standardstählen (1.8550, 1.2379) meist eine verbesserte Korrosions- und Verschleißbeständigkeit auf. Trotz der hohen chemischen Stabilität der TiN-Hartstoffschicht wurden im Bereich der Einspannungen offensichtlich auf chemische Reaktionen basierende Verfärbungen festgestellt. Durch Glasfasern verursachte abrasive Verschleißspuren konnten mikroskopisch nicht nachgewiesen werden.

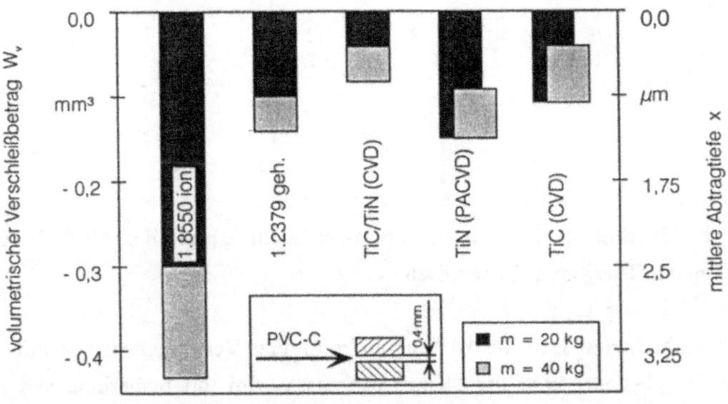

Bild 6.6: Verschleißverhalten von Kombinationsschichten gegenüber PVC-C im Vergleich mit weiteren Werkstoffen

In Bild 6.6 sind die gravimetrisch ermittelten Verschleißbeträge der Probenkörper nach Beanspruchung mit PVC-C dargestellt. Den Ergebnissen der Kombinationsbeschichtungen wurden Ergebnisse von Schichten und Schichtkombinationen gegenübergestellt, die mittels Hochtempertur-CVD-Verfahren hergestellt wurden.

Die kombinationsbeschichteten Bauteile wiesen dabei im Vergleich nicht wesentlich höhere Verschleißbeträge auf. Die gegenüber den Hochtemperatur-CVD-Verfahren höheren Werte wurden auf die chemische Wechselwirkung der, wenn auch in geringem Umfang, vorhandenen Chloranteile in der TiN-Schicht zurückgeführt.

Die gravimetrisch ermittelten Verschleißbeträge der Probenkörper nach Beanspruchung mit 40%-glasfaserverstärktem Polyphenylensulfid (PPS-GF40) sind in Bild 6.7 dargestellt. Den Ergebnissen der Kombinationsbeschichtungen wurden Ergebnisse von Schichten und Schichtkombinationen gegenübergestellt, die mittels Hochtempertur-CVD-Verfahren hergestellt wurden /Hei/.

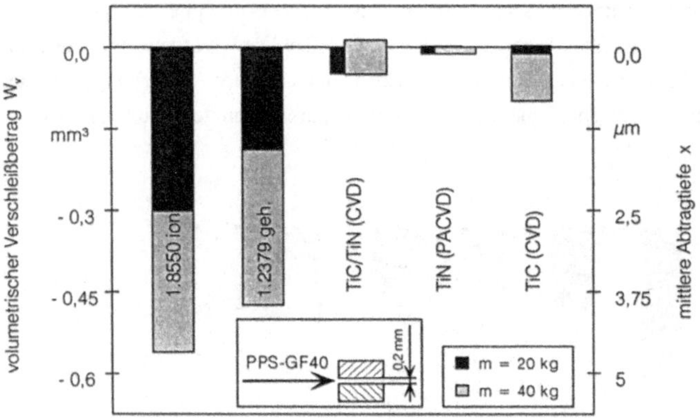

Bild 6.7: Verschleißverhalten von Kombinationsschichten gegenüber PPS-GF40 im Vergleich mit weiteren Werkstoffen

Die kombinationsbeschichteten Bauteile weisen nur minimale Verschleißbeträge auf. Dem abrasiven Angriff der glasfaserverstärkten Kunststoffmasse wird mit bemerkenswert hoher Beständigkeit begegnet. Dieses Ergebnis wird auf die feinkristalline Struktur der TiN-Schicht zurückgeführt, die durch die Nitrier-Diffusionschicht eine zusätzliche stützende Wirkung erfährt und somit eine erhöhte Widerstandsfähigkeit gegen die lokal auftretenden Belastungen der einzelnen Glasfasern besitzt.

6.3 Bewertung des Kombinationsbeschichtungsverfahrens

Der Einsatz von kombinationsbeschichteten Maschinenkomponenten führt bei einer Vielzahl von Anwendungen zur Erhöhung von Standzeiten und zur Verringerung von Ausfallzeiten. Dadurch werden erhebliche Leistungssteigerungen und Einsparungen erreicht. Außer Kosteneinsparungen wird eine qualitative Verbesserung der Produkte und eine erhöhte Produktionssicherheit erreicht.

Die bei der Kombinationsbehandlung aufgebrachte Hartstoffschicht führt zu einer verschleißfesten Oberfläche mit geringer Neigung zu Wechselwirkungen mit umgebenden Systemen. Die Diffusion von Stickstoff in das Substrat sorgt für einen stetigen Übergang der Härte von der behandelten Zone zum Kernwerkstoff, so daß eine verbesserte Stützwirkung für die abgeschiedene Hartstoffschicht erzielt werden kann. Durch den gradierten Übergang kommt es zu einem Abbau von Spannungen zwischen Nitrier- und Hartstoffschicht. Dadurch kann eine verbesserte Haftfestigkeit und eine verringerte Neigung zu Abplatzungen festgestellt werden. Der durch einen Härtevorgang erzielte zäh-elastische Kern eines Werkstücks bleibt bei der Kombinationsbehandlung erhalten. Und schließlich bietet die Nitrierschicht bei einem Ausfall der Hartstoffschicht durch Schmierstoffmangel oder Überbeanspruchung Notlaufeigenschaften.

Aus der Kombinationsbehandlung ergeben sich verfahrensspezifische Vorteile durch verringerte Durchlaufzeiten, da Nitrierung und Hartstoffbeschichtung in einer Anlage ohne Zwischenbelüftung durchgeführt werden. Die Prozeßtemperaturen beim Nitrieren und Beschichten liegen durch die plasmagestütze Verfahrenstechnik unter der Anlaßtemperatur von gehärteten Bauteile. Die Menge der verbrauchten Spendermaterialien verhalten sich proportional zum Druck, daraus resultieren verringerte Kosten bei der Beschaffung von Titanspender und Gasen und ein entsprechend geringer Anfall von Reaktionsprodukten, mit den dadurch verbundenen Kostenvorteilen.

Die durch den Einsatz von Kombinationsschichten erreichbare Standmengenerhöhung führt durch eine Verringerung der benötigten Werkzeuge zu einer Verminderung der Kosten für Werkstoff und spanende bzw. abtragende Bearbeitung sowie der dazugehörigen Logistik. Es ergeben sich in der Folge Kostenverminderungen durch niedrigere Maschinenstillstandszeiten und damit erhöhte Nutzungsgrade der eingesetzten Anlagentechnik.

Aus der Kombinationsbehandlung ergeben sich jedoch nicht nur Vorteile, sondern zum Teil auch Einschränkungen die im folgenden dargestellt werden.

Den Kosteneinsparungen die sich aus der Anwendung von Kombinationsschichten ergeben, stehen die Herstellungs- und Investitionskosten, die solche kombinierte Beschichtungen verursachen entgegen. Die Aufrüstung bestehender Plasmanitrieranlagen zu Hartstoffbeschichtungsanlagen ist nicht ohne weiteres möglich, da das gesamte Gasversorgungs-, Reaktor- und Vakuumsystem durch den Einsatz des preisgünstigen aber chlorhaltigen Titanspenders $TiCl_4$, korrosionsfest ausgeführt werden muß. Die in den Abgasen vorhandenen Schadstoffe müssen zwischen Kammer und Pumpstand durch Tiefkühlfallen ausgefroren werden. Zur Reinigung der Tiefkühlfallen sind Neutralisiereinrichtung für Abluft und Abwasser zu installieren.

Der bislang nicht zu vermeidende Einbau von Chlor in die TiN-Hartstoffschicht beschränkt die Anwendungen weitestgehend auf abrasive Systeme. Durch eine Absenkung der Wachstumsraten ist es jedoch möglich, den Chloranteil in der Hartstoffschicht auf einen Wert zu reduzieren, daß vornehmlich beanspruchungsbedingte Systemeigenschaften für die Verschleißgrenzen von kombinationsbeschichteten Komponenten maßgeblich sind.

Aus den Vorteilen der Kombinationsbeschichtung könnte abgeleitet werden, für das Grundmaterial preisgünstige Werkstoffqualitäten einzusetzen. Grundsätzlich sind jedoch die Werkstoffkosten für Stähle an die Menge der beigefügten Legierungselemente gekoppelt. Aus der Erfordernis, daß für eine kombinierte Behandlung die Ausbildung einer Verbindungsschicht zu vermeiden ist, ergibt sich die Beschränkung der Kombinationsbehandlung auf höherlegierte und daher teure Werkstoffqualität. Nur bei diesen Werkstoffen ist die Vermeidung einer Verbindungsschicht zuverlässig gewährleistet, da die Tendenz zur Verbindungsschichtbildung mit Zunahme der begleitenden Legierungselemente abnimmt.

7 Zusammenfassung

In der vorliegenden Arbeit wurde die Möglichkeit einer Verfahrenskombination von Puls-Plasma-Nitrierung und anschließender PACVD-Beschichtung untersucht. Dazu wurde eine konventionelle Plasmanitrieranlage zu einer PACVD-Anlage weiterentwickelt, so daß eine Plasmanitrierung und anschließende plasmaunterstützte Hartstoffbeschichtung in einem Verfahrensablauf vorgenommen werden konnte. Die bisher zu dieser Thematik durchgeführten Arbeiten behandeln diese Verfahrenskombination entweder nur im Labormaßstab oder aber in zwei zwar aufeinander abgestimmten aber getrennt ablaufenden Vorgängen.

Bei der Nitrier-Diffusionsbehandlung entsteht in Abhängigkeit von den Nitrierparametern und der Werkstoffzusammensetzung nicht nur eine Diffusionsschicht, sondern unter Umständen auch eine Verbindungsschicht und ein Porensaum. Für die nachfolgende Beschichtung ist die Ausbildung dieser Schichten zu vermeiden. Der Erzielung einer verbindungsschicht- und porensaumfreien Nitrierung mit ausreichender Diffusionsschichtdicke diente die Variation der Nitrierparamter. Diese Arbeiten führten an den ausgewählten Werkstoffen zu Parameterkombinationen, die eine Nitrierung mit verbindungsschichtfreier Oberfläche und definierter Nitrierhärtetiefe ermöglichen.

Ziel der Beschichtungsversuche war es, eine Steigerung des Schichtwachstums und der Schichthärte von Titannitridschichten bei einer Beschichtungstemperatur von 530 °C mit geringen Chlorgehalten zu erreichen. Die Werte der Gasflüsse, des Titanspenders und die Verweilzeit wurden variiert. Im Gegensatz zu Hoch- und Mitteltemperatur CVD-Verfahren konnten hierbei texturfreie, feinkristalline (Korngröße 12 nm) TiN-Schichten, hoher Härte (HV 2400) ohne Schichtdefekte abgeschieden werden.

Durch die Kombinationsbehandlung aus Nitrierung und Hartstoffbeschichtung konnte gegenüber der reinen Beschichtung ein stetiger Übergang der Härte von der behandelten Zone zum Kernwerkstoff erzielt werden. Durch den Nitriervorgang wurde eine warmfeste und korrosionsbeständige Randzonenerhärtung erreicht, die einer nachfolgenden Hartstoffbeschichtung mit geringer Wechselwirkungstendenz und hoher Härte die notwendige Abstützung bietet. Der Verschleißwiderstand und die Haftfestigkeit der Schichten wurden dadurch wesentlich verbessert.

Werkzeuge die einer hohen Verschleißbelastung unterliegen, gleichzeitig aber ein gutes dynamisches Verhalten und einen niederen Reibkoeffizienten aufweisen sollen, sind geeignete Bauteile für Kombinationsschichten. Aus diesem Profil wurden Anwendungen der Kombinationsbeschichtung für Werkzeuge der Warmumformung und der Kunststoffverarbeitung abgeleitet.

Flachstauch- und konturierte Werkzeuge wurden nitriert und anschließend mit TiN beschichtet. Die Werkzeuge wurden am Institut für Umformtechnik und Umformmaschinen (IFUM) in Hannover auf ihre Tauglichkeit für das Warmumformen unter schmiedetypischen Bedingungen geprüft. Die praxisorientierten Versuche an Flachstauchbahnen zeigten, daß im geschmierten Versuchsablauf eine Standzeiterhöhung um das 10-fache erreicht werden kann. An konturierten Werkzeugen konnte eine Verdoppelung der Standzeiten ermittelt werden.

Probenkörper aus Werkstoffen, die für die Extrusion von Kunststoffen mit einem hohem Anteil mineralischer und oxidischer Füllstoffe Verwendung finden, wurden nitriert und beschichtet. Die kombinationsbeschichteten Probenkörper wurden am Deutschen Kunststoff Institut (DKI) in Darmstadt einer praxisgerechten tribologischen Prüfung unterzogen und bewertet. Die kombinationsbeschichteten Bauteile wiesen dabei gegen Kunststoffe, die einen vorwiegend korrosiven Verschleiß verursachen, eine bedingt gute Beständigkeit auf. Bei der Verarbeitung von Kunststoffen, die einen vorwiegend abrasiven Verschleiß verursachen, konnte eine sehr gute Beständigkeit ermittelt werden.

Aufgrund der positiven Versuchsergebnisse in praxisnahen Untersuchungen ist zu erwarten, daß der kombinierte Nitrier- und Beschichtungsprozeß an Bedeutung gewinnen wird. Nicht nur technologische Vorteile wie die geringe Beschichtungstemperatur und Verbesserung der Eigenschaften der Werkzeuge, sondern auch vergleichsweise geringe Investitions- und Betriebskosten zu vergleichbaren Verfahren sprechen für eine Kombination von Plasmanitrierung und PACVD-Beschichtung.

Wie die Arbeiten zeigen, ist es lohnenswert, weitere Untersuchungen zur Absenkung des Chlorgehaltes vorzunehmen, um die Gebrauchseigenschaften der Kombinationsschichten im Hinblick auf korrosiven Verschleiß noch zu verbessern. Die Schichtbildungsreaktionen beim plasmagestützten CVD-Prozeß weichen wesentlich von den Reaktionen beim Hoch- und Mitteltemperatur CVD-Prozeß ab, und die Zusammenhänge bei den ablaufenden Vorgängen sind nur ansatzweise bekannt. Daher sollten Versuche unternommen werden, mittels plasmadiagnostischer Verfahren zu einem besseren Verständnis der Reaktionsabläufe zu gelangen. Auf diese Weise könnte die Prozeßsicherheit gesteigert und die Qualität der Kombinationsbeschichtungen weiter verbessert werden.

8 Literatur

/Ara/ Arai, T.; Fujita, H.; Oguri, K.: Growth and Properties of TiC and TiN coatings on steel deposited by plasma- assisted chemical vapour deposition. In: Proc. of International Conference on Surface Engineering,Tokio (1988), S. 337- 346

/Arc/ Archer, N. J.: The Plasma- Assisted Chemical Vapour Deposition of TiC, TiN and TiC_xN_{1-x}. In: Thin Solid Films 80 (1981), S. 221- 225

/Bad/ Baddour, R. F.; Timmins, R. S.: The Applications of Plasmas to Chemical Processing. Cambridge, Mass.: MIT Press, 1967

/Bet/ Bethge, K.; Gruber, G.: Physik der Atome und Moleküle. Weinheim, Basel, Cambridge, New York: VCH Verlag, 1990

/Bur/ Burnett, P. J.; Rickerby, D.S.: The scratch test adhesion of thin films. In: Proccedings of the Royal Society of London A 254 (1960), S. 163- 176

/Bun/ Bunshah, R. F.: Handbook of deposition technologies for films and coatings. New Jersey: Noyes Publications, 1994

/Chu/ Chu, X.; Wong, M. S.; Sproul, W. D.; Rohde, S. L.; Barnett, S. A.; In: Journal of Vacuum Science A 10 (1992) S. 1604

/Cob/ Cobine, J. D.: Gaseous Conductors. New York: Dover, 1958

/Cru/ Crummenauer, J.: TiN- Beschichtungen mittels Plasma- CVD. Aachen: Shaker, 1995. Zugl. Bremen, TU, Diss., 1995

/Den/ Dengel, D.: Härteprüfung in Theorie und Praxis. In: VDI Bericht 804- Zur Problematik der Härtemessung dünner Hartstoffschichten (1991), S. 11- 28

/Din1/ Dingremont, N.; Bergmann, E.; Collignon, P.; Michel, H.: Optimization of duplex coatings built from nitriding and ion plating with continuos and discontinuous operation for construction and hot working steels. In: Surface and Coatings Technology 72 (1995), S. 163- 168

/Din2/ Dingremont, N.; Bergmann, E.; Collignon, P.: Application of duplex coatings for metal injection moulding. In: Surface and Coatings Technology 72 (1995), S. 157- 162

/DIN1/ DIN 50 133: Prüfung metallischer Werkstoffe. Härteprüfung nach Vickers im Bereich HV 0,2 bis HV 100.

/DIN2/ DIN V ENV 1071-3: Hochleistungskeramik; Prüfverfahren von keramischen Schichten, Teil 3: Bestimmung der Haftung mit dem Ritztest.

/DIN3/ DIN 50 324: Prüfung von Reibung und Verschleiß, Modellversuche bei Festkörpergleitreibung, Kugel-Scheibe- Prüfsystem.

/DIN4/ DIN V ENV 1071-2: Hochleistungskeramik; Prüfverfahren von keramischen Schichten, Teil 2: Bestimmung der Schichtdicke mit dem Kalottenschliff-verfahren.

/DIN5/ DIN 4760: Oberflächenkenngrößen. Begriffsbestimmung Gestaltabweichung und Rauheit

/DIN6/ DIN 4761: Oberflächenkenngrößen. Definition und Ermittlung von Rauheitskenngrößen

/DIN7/ DIN 4762: Oberflächenkenngrößen. Definition von Oberflächenprofilen.

/DIN8/ DIN 4772: Aufbau und meßtechnische Eigenschaften elektronischer Tastschnittverfahren.

/DIN9/ DIN 4775: Toleranzbereiche elektronischer Tastschnittverfahren.

/DIN10/ DIN 4768: Ermittlung von Rauheitskenngrößen mittels elektronischer Tastschnittverfahren.

/DIN11/ DIN 50 190 Teil 3: Prüfung metallischer Werkstoffe. Ermittlung der Nitrierhärtetiefe aus der Härteverlaufskurve.

/Doe/ E. Doege; E. Westkämper; R. Seidel; C. Romanowski; G. Andreis; O. Morlok: Combined Surface Treatment of Forging Tools by Plasma Nitriding and PACVD. In: Berns, H.; Hinz, H.-Fr.; Hucklenbroich. Progress in Tool Steels: Proceedings, September 11-13, 1996, Bochum. Verlag Schürmann + Klages KG, Bochum, (1996), S. 373-383

/Eis/ Eisenberg, St.: Thermochemische Behandlung- Schwerpunkt: Plasmadiffusionsbehandlung. Mat.-wiss. u. Werkstoff. 21 (1990), S. 242- 256

/Eys/ Eysell, F.-W.: Nitrocarburieren im Salzbad. In: Chatterjee-Fischer, R.: Wärmebehandlung von Eisenwerkstoffen. Sindelfingen: Expert-Verlag, 1986 S. 185- 231

/Fel/ Feldman, L. C.: Fundamentals of Surface and Thin Films Analysis. New York, Amserdam, London: North-Holland, 1986

/Fic/ Fick, A.: Ann. Phys. Bd 4, Reihe 4 (1855) 59

/Fit/ Fitzer, E.; Fritz, W.; Emig, G.: Technische Chemie. Berlin, Heidelberg, New York: Springer, 1989

/Fra/ Francis, G.: The Glow Discharge at Low Pressures. In: Flügge, S.: Handbuch der Physik XXII. 54 Berlin, Heidelberg: Springer, 1956

/Fre1/ Frey, H.; Kienel, G.: Dünnschichttechnologie. Düsseldorf: VDI-Verlag, 1987

/Fre2/ Frey, H.: Vakuumbeschichtung 1. Plasmaphysik- Plasmadiagnostik- Analytik. Düsseldorf: VDI-Verlag GmbH, 1995

/Fri/ Friesen, T.; Haupt, J.; Gissler, W. u. a.: Ultrahard coatings from Ti- BN multilayers and by co- sputtering. In: Surface and Coating Technology 48 (1991), S. 169- 174

/Fro/ Fromm, E.; Gebhardt, E.: Gase und Kohlenstoff in Metallen. Berlin, Heidelberg, New York: Springer, 1976

/Gab/ Gabriel, H. M.: Oberflächenschutzschichten aus der Gasphase (CVD-, PVD-Verfahren). In: Vakuum- Technik 31 (1982), S. 46- 60

/Gra/ Grasserbauer, M.; Dudek, H.: Angewandte Oberflächenanalyse. Berlin, Heidelberg, New York: Springer Verlag, 1985

/Gre/ Gredic, T.; Zlatanovic, M.; Popovic, N.; Bogdanov, Z.: Effect of plasmanitriding on the properties of (Ti,Al)N coatings deposited onto hot work steel substrates. In: Thin Solid Films, 228 (1993) S261- 266

/Hae/ Haefer, R. A.: Oberflächen- und Dünnschicht- Technologie. Teil 1: Beschichtungen von Oberflächen. 1. Auflage. Berlin, Heidelberg, New York, London, Paris, Tokyo: Springer, 1987

/Hei/ Heinze, M.: Wear resistance of hard coatings in plastics processing. In: Surface and Coatings Technology 78 (1997), S. 180- 186

/Heu/ Heumann, Th.: Diffusion in Metallen: Grundlagen, Theorie, Vorgänge in Reinmetallen und Legierungen. Berlin, Heidelberg; New York; London; Paris; Tokyo, Hong Kong, Barcelona, Budapest: Springer, 1992

/Hil1/ Hilton, M. R.; Narasimhan, L. R.; Nakamura, S. u. a.: Composition, Morphology And Mechanical Properties of Plasma- Assisted Chemically Vapour- Deposited TiN- Films on M2 Tool Steel. In: Thin Solid Films 139 (1986), S. 247- 260

/Hil2/ Hilton, M. R.; Vandentop, G. J.; Salmeron, M.: TiN Coatings on M2 Steel produced By Plasma- Assisted Chemical Vapour Deposition. In: Thin Solid Films (1987) Nr. 3, S. 377- 381

/Hin/ Hintermann, H. E.: Tribological and Protective Coatings by Chemical Vapour Deposition. Thin Solid Films 84 (1981) S. 215- 219

/Hit/ Hitchman, Michael L.: Chemical Vapor Deposition. New York, San Francisco, London: Academic Press, 1993

/Hof1/ Hoffmann, R.; Mallener, H.: Nitrieren und Nitrocarburieren in Gasen. In: Chatterjee- Fischer, R.: Wärmebehandlung von Eisenwerkstoffen. Sindelfingen: Expert-Verlag 1986, S. 63- 123

/Hof2/ Hoffmann, R.; Mittemeijer, E. J.; Somers, M. A. J.: Verbindungsschichtbildung beim Nitrieren und Nitrocarburieren. In: HTM 51 (1996) Nr. 3, S.162- 169

/Hol/ Holleck, H.: Möglichkeiten und Grenzen einer gezielten Stoffauswahl für verschleißmindernde Hartstoffschichten. In: Fischmeister, H.; Jehn, H.: Hartstoffschichten zur Verschleißminderung. Oberursel: DGM- Verlag 1987, S.25- 44

/Hud/ Hudis, M.: Study of Ion Nitriding. In: J. Appl. Phys. 44 (1973), S. 1489- 1496

/Jan1/ Jang, D. H.; Bum, S. K.; Chun, J. S.: The Properties of the Titanium Nitride Deposited by Plasma Enhanced Chemical Vapour Deposition. In: Broszeit, E.; Münz, W. D.; Oechsner, H. u. a.: Plasma and Surface Engeneering 1988. Oberursel: DGM- Verlag, 1989, S. 147 -153

/Jan2/ Jang, D. H.; Chun, J. S.; Kim, J.G.: The Effect Of Reactant Gas Composition On The Plasma- Enhanced Chemical Vapour Deposition Of TiN. In: Thin Solid Films 169 (1989), S. 57- 68

/Jeh1/ Jehn, H.: Neue Entwicklungen bei Hartstoffbeschichtungen. In: Jahrbuch Oberflächentechnik Bd. 52. Heidelberg: Hüthig, 1996

/Jeh2/ Jehn, H.: Charakterisierung dünner Schichten. DIN- Fachbericht 39; 1. Auflage. Berlin, Wien, Zürich: Beuth-Verlag, 1993

/Jit/ Jitschin, W.: Reale Gase. In: Vakuum in Forschung und Praxis (1995) Nr. 2, S. 141- 143

/Kel/ Keller, K.; Koch, F.: Beschichtete Umformwerkzeuge für die Blechverarbeitung. In: Bänder Bleche Rohre (1991) Nr. 7, S. 37- 49

/Ker/ Kerspe, J. H.: Vakuumtechnik in der industriellen Praxis. Ehningen bei Böblingen: Expert-Verlag, 1993

/Kie1/ Kienel, G.: Vakuumbeschichtung 5. Anwendungen Teil II. Düsseldorf: VDI-Verlag GmbH, 1993

/Kie2/ Kienel, G.: Vakuumbeschichtung 4. Anwendungen Teil I. Düsseldorf: VDI-Verlag GmbH, 1993

/Kik/ Kikuchi, N.; Oosawa, Y.; Nishiyama, A.: (1986) Proc. 9th Intern. Conf. On CVD, S. 728- 724

/Kis/ Kishimoto, H.: Ein neues Pulvernitrierverfahren. Härterei Technische Mitteilungen 35 (1980) Nr. 6, S. 301- 304

/Kön/ König, U.; Tabersky, R.; van den Berg, H.: Research, development and performance of cemented carbide tools coated by plasma- activated chemical vapour deposition. In: Surface and Coatings Technology 50 (1991), S. 57- 62

/Kus/ Kussmaul, K.: Manuskript zur Vorlesung Werkstoffkunde I. WS 1987/1988 Staatliche Materialprüfungsanstalt, Universität Stuttgart S. 74- 75

/Lai/ Laimer, J.; Störi, H.; Rödhammer, P.: Titanium Nitride Deposited by Plasma-Assisted Chemical Vapour Deposition. In: Thin Solid Films 191 (1990) S. 77- 89

/Lam1/ Lampe, Th.; Eisenberg, St.; Laudien G.: Verbindungsschichtbildung während der Plasmanitrierung und -nitrocarburierung. Berichtsband AWT Tagung: Nitrieren und Nitrocarburieren. (1991), S. 39- 57

/Lam2/ Lampe, Th.: Plasmawärmebehandlung von Eisenwerkstoffen in stickstoff- und kohlenstoffhaltigen Gasgemischen. VDI- Fortschrittsberichte Reihe 5, Nr. 93, 1985

/Ley/ Leyendecker, T.; Lemmer, O.; Esser, S.; Ebberink J.: The development of the PVD coating TiAlN as a commercial coating for cutting tools. In: Surface and Coatings Technology 48 (1991), S. 175- 178

/Lie1/ Liedtke, D.: Grundlegende Betrachtung des Nitrierens und Nitrocarburierens von Eisenwerkstoffen. In: Chatterjee- Fischer, R.: Wärmebehandlung von Eisenwerkstoffen. Renningen Malmsheim: Expert-Verlag (1995) S. 1- 69

/Lie2/ Liedtke, D.: Grundlegende Betrachtung des Nitrierens und Nitrocarburierens von Eisenwerkstoffen. In: Chatterjee- Fischer, R.: Wärmebehandlung von Eisenwerkstoffen. Sindelfingen: Expert-Verlag (1986) S. 1- 58

/Lux1/ Lux, B.; Haubner R.; Altena, H.; Colombier C.: Zur Herstellung verschleißhemmender Schichten insbesondere auf Hartmetallwendeschneidplatten durch CVD. In: Fischmeister, H.; Jehn, H.: Hartstoffschichten zur Verschleißminderung. Oberursel: DGM- Verlag 1987, S.71- 112

/Lux2/ Lux, T.: Untersuchung der Prozeßparameter bei der plasmaunterstützten Gasphasenabscheidung von Titannitridschichten in Reaktoren mit industriellen Abmessungen. Stuttgart, Universität, Institut für industrielle Fertigung und Fabrikbetrieb, Diplomarbeit, 1994.

/May/ Mayr, P.; Stock, H.- R.: Deposition of TiN and Ti (O, C, N) hard coatings by a plasma assisted chemical vapour deposition process. In: Journal of Vacuum Science Technologie A 4 (1986) Nr. 6, S. 2726- 2730

/Men/ Mennig G. und Paller G.: Verschleißschutz in der Kunststoffverarbeitung durch PVD-Hartstoffschichten, Mat. -wiss. u. Werkstofftech. 24, S. 152-159 (1993)

/Mit/ Mitsuharu, K.: Film Deposition by Plasma Techniques. Berlin, Heidelberg; New York; London; Paris; Tokyo, Hong Kong, Barcelona, Budapest: Springer, 1992

/Mor1/ Morlok, O.; Scheibe, A.; Truger, T.: Schichtdicken vollautomatisch bestimmen. In: Metalloberfläche 51 (1997) Nr. 6, S. 443-445

/Mor2/ Morlok, O.; Kampschulte, G.; Berg, I.: Prüfen von Hartstoffschichten. In: Metalloberfläche 49 (1995) Nr. 7, S. 531-533

/Mor3/ Morlok, O.; Mann, D.: Combined Plasma Nitriding and PACVD Surface Treatments of Metal-Forming Tools. In: Hecht, G. (Hrsg.); Richter, R (Hrsg.); Hahn J. (Hrsg.); Deutsche Vakuum Gesellschaft; Societe Francaise du Vide: Thin Films: Proceedings, April 1-3, 1996, Colmar. Oberursel: DGM-Informationsgesellschaft Verlag, (1996), S. 157-161

/Mur/ Murr, L. E.: Electron and Ion Microscopy and Microanalyses. New York: Marcel Dekker, Inc., 1982

/Ogu/ Oguri, K.; Fujita, H.; Arai, T.: Effect Of N2- TO- TiCl4 Flow Ratio On The Properties Of TiN Coatings Formed By D. C. Discharge Plasma- Assisted Chemical Vapour Deposition. In: Thin Solid Films 195 (1991), S. 77- 88

/Olb/ Olbrich, W.; Kampschulte, G.; Morlok, O.; Diener R.: Schichtprüfung mit dem Scratch-Tester. In: Dünne Schichten 3 (1992) Nr. 4, S. 38-41

/Old1/ Oldewurtel, A.; Eversberg K. R.: CVD-Beschichtung von Werkzeugen. Härterei Technische Mitteilungen 44 (1989) Nr. 1, S. 25- 31

/Old2/ Oldewurtel, A.: Das Nitrieren von Werkzeugstählen unter besonderer Berücksichtigung des Pulvernitrierens. Z. f. wirtschaftliche Fertigung 70 (1975) Nr. 9, S. 467- 475

/Pat/ Patscheider, J.: Plasmachemische Abscheidung und Charakterisierung von Hartstoffschichten aus Aluminiumoxid und Titannitrid. Zürich, TU, Diss., 1989

/Per/ Perry, A. J.: Scratch adhesion testing: A critique. Surface Engeneering 2 (1986) S. 183- 190

/Pul/ Pulker, H. K.: Verwendung kalter Plasmen in Schichtherstellungsprozeßen. Vakuum in Forschung und Praxis (1995) Nr. 1, S. 11- 15

/Rem/ Rembges, W.: Nitrieren und Nitrocarburieren im Plasma. In: Chatterjee- Fischer, R.: Wärmebehandlung von Eisenwerkstoffen. Sindelfingen: Expert-Verlag (1986) S. 125- 183

/Rei1/ Reiprich, S. U.: Plasmachemische Abscheidungen von TiN und Aufstellung und Realisierung eines Konzepts zur Darstellung neuer, superharter Materialien durch Plasma CVD. München, TU, Diss., 1995

/Rei2/ Reimer, L.; Pfefferkorn, G.: Raster- Elektronenmikroskopie. Berlin, Heidelberg, New York: Springer- Verlag, 1977

/Rie1/ Rie, K.- T.: Plasmagestützte CVD- Verfahren. In: VDI- Bericht 624. (1986), S. 24- 45

/Rie2/ Rie, K. T.; Eisenberg, S.; König, U. u. a.: Hard coatings on steel and hard metals by puls plasma CVD process. In: Proc. 6th Euro. Conf. on Chemical Vapour Deposition. Jerusalem/ Israel (1987), S. 311- 318

/Rie3/ Rie, K. T.; Gebauer, A., Wöhle, J.: Investigation of PA- CVD of TiN: relations between process parameters, spectroscopic measurements and layer properties. In: Surface and Coatings Technology 60 (1993), S. 385- 388

/Rie4/ Rie, K. T.; Gebauer, A., Wöhle, J. u. a.: Synthesis of TiN/ TiCN/ TiC layer systems on steel and cermet substrates by PACVD. In: Surface and Coatings Technology 74- 75 (1993), S. 375- 381

/Röd/ Röders, E.: Schmiermittelfreies Druckgießen. In: Schmiermittelarme Fertigung und Anwendungen. VDI-TZ Kolloquium, Düsseldorf (1997), S. 85- 91

/Rot/ Rother, B.; Vetter, J.: Plasma- Beschichtungsverfahren und Hartstoffschichten. Leipzig: Dt. Verlag für Grundstoffindustrie, 1992

/Roz/ Rozendaal, H. C. F.; Mittemeijer, E. J.; Collijn, P. F.; Van der Schaaf, P. J.: Met. Trans. 14A (1983), S. 395- 399

/Rus/ Russel, W. C.; Strandberg C.; In: Bildstein, H.; Eck, R.; (Hrsg.): Proc 13th Intern Plansee Seminar, Reutte/Tirol Vol. 3 (1993) S. 182

/Sei/ Seith, W.: Diffusion in Metallen. 2. Aufl. Berlin: Springer, 1955

/Shi1/ Li Shizhi; Huang Wu; Yang Hongshun u. a.: Plasma Chemical Vapour Deposition of TiN. In: Plasma Chemistry and Plasma processing 4 (1984) Nr. 3, S. 147- 161

/Shi2/ Li Shizi; Zhao Cheng; Shi Yulong u. a.: The Deposition of TiN Coatings by Plasma Chemical Vapour Deposition and its Application. (1987) Proc. 10th Intern. Conf. on CVD, S. 1233- 1244

/Shi3/ Li Shizi; Hongshun, Y.: Highly Orientied TiN Films Deposited By R. F. Plasma-CVD. In: ISPC, Eindhoven (1985), S. 68- 73

/Sir/ Sirvio, E. H. Sulonen, M.: Abrasive wear of ion- plated titanium nitride coatings on plasma- nitrided steel surfaces, Thin Solid Films 96 (1982), S. 93- 101

/Spi1/ Spies, H.- J.: Stand und Entwicklung des kontrollierten Gasnitrierens. In: Neue Hütte 36 (1991) Nr7, S. 255- 262.

/Spi2/ Spies, H.- J.; Hoeck, K.; Broszeit, E.: PVD hard coatings on prenitrided low alloy steel. In: Surface and Coatings Technology 62 (1993), S. 441- 445

/Spi3/ Spies, H.- J.; Hoeck, K.; Larisch, B.: Duplex- Randschichten der Verfahrenskombination Nitrieren- Hartstoffbeschichten. In: Härterei Technische Mitteilungen 51 (1996) Nr. 4, S. 222- 231

/Sta/ Stadlbauer, J.: Abscheidung von TiN-Hartstoffschichten beim plasmaunterstützten Beschichtungsprozeß aus der Gasphase (Plasma Assisted Chemical Vapour Deposition - PACVD). Stuttgart, Universität, Institut für industrielle Fertigung und Fabrikbetrieb, Studienarbeit, 1994.

/Ste/ Stelzer, R.; Deutscher, O.: Verschleißschutz von Stahl. Düsseldorf: VDI- Verlag, 1983

/Sud/ Sudarshan, T. S.: Surface Modification Technologies; New York, Basel: Marcel Dekker, Inc., 1989

/Sun1/ Sun, Y.; Bell, T.: Plasma surface engineering of a lows alloy steel. In: Materials Science and Engineering A 140 (1991), S. 419- 434

/Sun2/ Sun, Y.; Bell, T.: Combined Plasma Nitriding and PVD Treatments. In: Trans. Inst. Metal Finish 70 (1992) Nr. 1, S. 38- 44

/Tib/ Tibbets, G.G.: Role of Nitrogen Atoms in Ion Nitriding. In: J. Appl. Phys. 45 (1974), S. 5072- 5073

/Vet/ Vetter, J.; Liebe, S.: Vermeidung von Schmierstoffen in Gelenklagern durch PVD- Beschichtung. In: Schmiermittelarme Fertigung und Anwendungen. VDI-TZ Kolloquium, Düsseldorf (1997), S. 93- 103

/Wah/ Wahl, G.: Abscheidung aus der Gasphase. In: Frey, H.: Vakuumbeschichtung 2. Verfahren und Anlagen. Düsseldorf: VDI-Verlag GmbH, 1995

/Wie/ Wierzchon, T.; Michalski, J.; Rudnicki, J.: Properties of composite layers produced on stainless steel under glow discharge conditions. In: Material Science and Engineering, A 140 (1991), S. 505- 509

/Wil/ Wilhelm, J.: Charakteristik des Plasmazustandes. In: Rutscher, A.; Deutsch, H.: Plasmatechnik. München, Wien: Hanser, 1984

/Zla/ Zlatanovic, M.; Münz, W.D.: Wear resistance of plasma nitrided and sputter ion plated hobs. In: Surface and Coatings Technology, 41 (1990), S. 17- 30

IPA Forschung und Praxis

Schriftenreihe aus dem Institut für Produktionstechnik und Automatisierung, Stuttgart

Herausgeber: Prof. Dr.-Ing. Dr. h. c. mult. H.-J. Warnecke

Datenerfassung im Produktionsbereich
Von E. Bendeich. ISBN 3-7830-0117-8.
1977, 176 Seiten, kartoniert. 54,— DM

Methodenauswahl für die Materialbewirtschaftung in Maschinenbau-Betrieben
Von H. Graf. ISBN 3-7830-0136-6.
1977, 144 Seiten, kartoniert. 54,— DM

Systematische Auswahl von Förderhilfsmitteln für den innerbetrieblichen Materialfluß
Von W. Rau. ISBN 3-7830-0139-0.
1977, 103 Seiten, kartoniert. 40,— DM

Grundlagen zur Planung von Ersatzteilfertigungen
Von E. Schulz. ISBN 3-7830-0138-2.
1977, 98 Seiten, kartoniert. 40,— DM

Rechnerunterstützte Fabrikplanung
Von B. Minten. ISBN 3-7830-0116-1.
1977, 124 Seiten, kartoniert. 38,— DM

Eine Planungsmethode für automatische Montagesysteme
Von H.-G. Löhr. ISBN 3-7830-0120-X.
1977, 108 Seiten, kartoniert. 32,— DM

Planung und Bewertung von Arbeitssystemen in der Montage
Von H. Metzger. ISBN 3-7830-0131-5.
1977, 108 Seiten, kartoniert. 40,— DM

Klassifizierungssystem für Prüfmittel der industriellen Längenprüftechnik
Von R. Czetto. ISBN 3-7830-0144-7.
1978, 181 Seiten, kartoniert. 64,— DM

Rechnerunterstützte Montageplanung
Von O. Hirschbach. ISBN 3-7830-0149-8.
1978, 146 Seiten, kartoniert. 52,— DM

Rechnerunterstützte Entwicklung von Simulationsmodellen für Unternehmensplanspiele
Von A. Moker. ISBN 3-7830-0147-1.
1978, 181 Seiten, kartoniert. 64,— DM

Arbeitsplatzanalysen zur Ermittlung der Einsatzmöglichkeiten und Anforderungen an Industrieroboter
Von G. Herrmann. ISBN 37830-0151-X.
1978, 113 Seiten, kartoniert. 40,— DM

MFSP — Ein Verfahren zur Simulation komplexer Materialflußsysteme
Von G. Stemmer. ISBN 3-7830-0118-8.
1977, 140 Seiten, kartoniert. 60,— DM

Berührungslose Erkennung durch Positionsbestimmung von Objekten durch inkohärent-optische Korrelation
Von M. König. ISBN 3-7830-0137-4.
1977, 110 Seiten, kartoniert. 40,— DM

Auslegung von Störungspuffern in kapitalintensiven Fertigungslinien
Von R. v. Stetten. ISBN 3-7830-0140-4.
1977, 154 Seiten, kartoniert. 56,— DM

Flexible Transportablaufsteuerung
Von G. Römer. ISBN 3-7830-0114-5.
1977, 188 Seiten, kartoniert. 60,— DM

Rechnergestützte Realplanung von Fabrikanlagen
Von T.-K. Sauter. ISBN 3-7830-0119-6.
1977, 108 Seiten, kartoniert. 32,— DM

Systematisches Auswählen und Konzipieren von programmierbaren Handhabungsgeräten
Von R. D. Schraft. ISBN 3-7830-0115-3.
1977, 108 Seiten, kartoniert. 32,— DM

Auslandsproduktion
Von W. Cypris. ISBN 3-7830-0145-5.
1978, 126 Seiten, kartoniert. 42,— DM

Wirtschaftlicher Einsatz von Mehrkoordinatenmeßgeräten
Von M. Dietzsch. ISBN 3-7830-0148-X.
1978, 142 Seiten, kartoniert. 52,— DM

Fertigungssteuerung bei flexiblen Arbeitsstrukturen
Von K.-G. Lederer. ISBN 3-7830-0146-3.
1978, 128 Seiten, kartoniert. 42,— DM

Untersuchungen zum Polieren und Entgraten durch elektrochemisches Oberflächenabtragen
Von K. Zerweck. ISBN 3-7830-0150-1.
1978, 110 Seiten, kartoniert. 40,— DM

Stufenweise Ableitung eines praktischen Planungssystems für den Entwicklungsbereich
Von R. Hichert. ISBN 3-7830-0149-8.
1978, 151 Seiten, kartoniert. 52,– DM

Produktionsplanung mit Auftragsfamilien
Von U. W. Geitner. ISBN 3-7830-0161.7.
1979, 110 Seiten, kartoniert. 45,– DM

Thermisch-chemisches Entgraten
Von T. Wagner. ISBN 3-7830-0164-1.
1979, 111 Seiten, kartoniert. 45,– DM

Untersuchung der Materialflußkosten bei ausgewählten Systemen der Zentralen Arbeitsverteilung
Von R. Wenzel. ISBN 3-7830-0162-5.
1979, 168 Seiten, kartoniert. 86,– DM

Anpassung und Einführung eines Planungssystems für die Ablaufplanung im Konstruktionsbereich
Von W. Dangelmaier. ISBN 3-7830-0163-3.
1979, 168 Seiten, kartoniert. 80,– DM

Längenmessungen an bewegten Teilen mit berührungslos wirkenden Aufnehmern
Von H. Lang. ISBN 3-7830-0157-9
1979, 89 Seiten, kartoniert. 42,– DM

Untersuchung multistabiler Strömungselemente und ihr Einsatz in sequentiellen Steuerungen
Von A. Ernst. ISBN 3-7830-0157-9.
1979, 122 Seiten, kartoniert. 48,– DM

Taktile Sensoren für programmierbare Handhabungsgeräte
Von M. Schweizer. ISBN 3-7830-0158-7.
1979, 91 Seiten, kartoniert. 42,– DM

Die rechnerunterstützte Prüfplanung
Von P. Blasing. ISBN 3-7830-0152-8.
1979, 100 Seiten, kartoniert. 44,– DM

Verfahren zur Fabrikplanung im Mensch-Rechner-Dialog am Bildschirm
Von W. Ernst. ISBN 3-7830-0156-0.
1979, 218 Seiten, kartoniert. 72,– DM

Rechnerunterstütztes Verfahren zur Leistungsabstimmung von Mehrmodell-Montagesystemen
Von M. Gorke. ISBN 3-7830-0155-2.
1979, 139 Seiten, kartoniert 50,– DM

Standortbezogene Betriebsmittel
Von G. Pflieger. ISBN 3-7830-0167-6.
1979, 127 Seiten, kartoniert. 52,– DM

Die betriebswirtschaftliche Beurteilung neuer Arbeitsformen
Von B.-H. Zippe. ISBN 3-7830-0168-4.
1979, 350 Seiten, kartoniert. 98,– DM

Untersuchung des Arbeitsverhaltens programmierbarer Handhabungsgeräte
Von B. Brodbeck. ISBN 3-7830-0169-2.
1979, 117 Seiten, kartoniert. 48,– DM

Untersuchung eines kohärent-optischen Verfahrens zur Rauheitsmessung
Von N. Rau. ISBN 3-7830-0174-9
1979, 117 Seiten, kartoniert. 48,– DM

Entwicklung einer programmierbaren, pneumatischen Steuerung
Von D. Klemenz. ISBN 3-7830-0171-4.
1979, 93 Seiten, kartoniert. 42,– DM

IPA Forschung und Praxis

Berichte aus dem Fraunhofer-Institut für Produktionstechnik und Automatisierung, Stuttgart, und dem Institut für Industrielle Fertigung und Fabrikbetrieb der Universität Stuttgart

Herausgeber: Prof. Dr.-Ing. Dr. h. c. mult. H.-J. Warnecke

---

38 **Arbeitsgangterminierung mit variabel strukturierten Arbeitsplänen — Ein Beitrag zur Fertigungssteuerung flexibler Fertigungssysteme**
Von U. Maier. ISBN 3-540-10213-2.
1980, 111 Seiten mit 45 Abbildungen. 43,– DM

39 **Kapazitätsabgleich bei flexiblen Fertigungssystemen**
Von P. S. Nieß. ISBN 3-540-10372-4.
1980, 151 Seiten mit 57 Abbildungen. 48,– DM

40 **Schichtdickenverteilung auf galvanisierten Paßteilen am Beispiel kleiner abgesetzter Wellen und Bohrungen**
Von D. Wolfhard. ISBN 3-540-10373-2.
1980, 177 Seiten mit 83 Abbildungen. 48,– DM

41 **Planung von Mehrstellenarbeit unter Berücksichtigung von Umfeldaufgaben**
Von S. Häußermann. ISBN 3-540-10374-0.
1980, 136 Seiten mit 59 Abbildungen. 48,– DM

42 **Untersuchungen zur Schmierfilmdicke in Druckluftzylindern — Beurteilung der Abstreifwirkung und des Reibungsverhaltens von Pneumatikdichtungen mit Hilfe eines neu entwickelten Schmierfilmdicken-meßverfahrens**
Von R. Köhnlechner. ISBN 3-540-10375-9.
1980, 100 Seiten mit 38 Abbildungen und 4 Tabellen. 43,– DM

43 **Typologie zum überbetrieblichen Vergleich von Fertigungssteuerungsverfahren im Maschinenbau**
Von G. Rabus. ISBN 3-540-10376-7.
1980, 174 Seiten mit 88 Abbildungen und 21 Tafeln. 48,– DM

44 **System zur Planung des Umlaufbestandes in Betrieben mit Serienfertigung**
Von K.-G. Wilhelm. ISBN 3-540-10377-5.
1980, 142 Seiten mit 67 Abbildungen und 15 Tafeln. 48,– DM

45 **Rechnerunterstützte Arbeitsplanerstellung mit Kleinrechnern, dargestellt am Beispiel der Blechbearbeitung**
Von W. Hoheisel. ISBN 3-540-10505-0.
1981, 169 Seiten mit 74 Abbildungen. 48,– DM

46 **Beitrag zur Verbesserung der Wirtschaftlichkeit EDV-unterstützter Fertigungssteuerungssysteme durch Schwachstellenanalyse**
Von J. Lienert. ISBN 3-540-10506-9.
1981, 148 Seiten mit 37 Abbildungen. 48,– DM

47 **Die Abscheidung von Öl an Entlüftungsöffnungen drucklufttechnischer Anlagen**
Von W.-D. Kiessling. ISBN 3-540-10604-9.
1981, 117 Seiten mit 48 Abbildungen und 3 Tabellen. 43,– DM

48 **Dynamische Optimierung technisch-ökonomischer Systeme**
Von J. Warschat. ISBN 3-540-10717-7.
1981, 132 Seiten mit 60 Abbildungen. 43,– DM

49 **Bildsensor zur Mustererkennung und Positionsmessung bei programmierbaren Handhabungsgeräten**
Von H. Geißelmann. ISBN 3-540-10735-5.
1981, 125 Seiten mit 52 Abbildungen. 43,– DM

50 **Verfügbarkeitsberechnung für komplexe Fertigungseinrichtungen**
Von Ekkehard Gericke. ISBN 3-540-10779-7.
1981, 132 Seiten mit 71 Abbildungen. 43,– DM

51 **Materialflußgestaltung in Fertigungssystemen**
Von Willi Rößner. ISBN 3-540-10888-2.
1981, 149 Seiten mit 76 Abbildungen. 48,– DM

52 **Beitrag zur Analyse der Auswirkungen der Mikroelektronik, dargestellt am Beispiel der Büromaschinen-Industrie**
Von Werner Neubauer. ISBN 3-540-10991-9.
1981, 145 Seiten mit 27 Abbildungen und 47 Tabellen. 43,– DM

53 **Modelle von Informationssystemen zur kurzfristigen Fertigungssteuerung und ihre Gestaltung nach betriebsspezifischen Gesichtspunkten**
Von Roland Gentner. ISBN 3-540-10992-7.
1981, 181 Seiten mit 69 Abbildungen und 7 Tabellen. 48,– DM

54 **Entwicklung von Verfahren zur Terminplanung und -steuerung bei flexiblen Montagesystemen**
Von Jürgen H. Kölle. ISBN 3-540-11227-8.
1981, 132 Seiten mit 64 Abbildungen und 1 Faltplan. 43,– DM

55 **Arbeits- und Kapazitätsteilung in der Montage**
Von Stefan Dittmayer. ISBN 3-540-11228-6.
1981, 124 Seiten und 56 Abbildungen. 43,– DM

56 **Beitrag zur systematischen Planung der Qualitätsprüfung bei Klein- und Mittelserienfertigung**
Von Herbert Babic. ISBN 3-540-11325-8
1982, 108 Seiten mit 38 Abbildungen und 7 Tabellen. 53,– DM

57 **Methode zur rechnerunterstützten Einsatzplanung von programmierbaren Handhabungsgeräten**
Von Uwe Schmidt-Streier. ISBN 3-540-11355-X.
1982, 188 Seiten mit 72 Abbildungen. 53.– DM

58 **Werkstoff- und Energiekennwerte industrieller Lackieranlagen, am Beispiel der Automobilindustrie**
Von Rainer Manfred Thiel. ISBN 3-540-11356-8.
1982, 116 Seiten mit 59 Abbildungen. 53.– DM

59 **Maßnahmen zum Verbessern der pneumatischen Lackzerstäubung – Teilchengrößenbestimmung im Spritzstrahl –**
Von Klaus Werner Thomer. ISBN 3-540-11507-2.
1982, 162 Seiten mit 94 Abbildungen und 1 Tabelle. 53.– DM

60 **Ermittlung und Bewertung von Rationalisierungsmaßnahmen im Produktionsbereich**
Von Jürgen Schilde. ISBN 3-540-11730-X.
1982, 158 Seiten mit 57 Abbildungen. 53.– DM

61 **Untersuchung von Verfahren der Reihenfolgeplanung und ihre Anwendung bei Fertigungszellen**
Von Mohamed Osman. ISBN 3-540-11747-4.
1982, 124 Seiten mit 32 Abbildungen und 3 Tabellen. 53.– DM

62 **Ein Simulationsmodell zur Planung gruppentechnologischer Fertigungszellen**
Von Volker Saak. ISBN 3-540-11747-4.
1982, 134 Seiten mit 53 Abbildungen. 53.– DM

63 **Verfahren zur technischen Investitionsplanung automatisierter Fertigungsanlagen**
Von Günter Vettin. ISBN 3-540-11747-4.
1982, 134 Seiten mit 63 Abbildungen. 53.– DM

64 **Pneumatische Sensoren zur prozeßsimultanen Messung des Werkzeugverschleißes und zur Kollisionsvermeidung beim Messerkopffräsen**
Von Wolfgang Jentner. ISBN 3-540-11747-4.
1982, 126 Seiten mit 47 Abbildungen und 6 Tabellen. 53.– DM

65 **Rechnerunterstützte Gestaltung ortsgebundener Montagearbeitsplätze, dargestellt am Beispiel kleinvolumiger Produkte**
Von Eberhard Haller. ISBN 3-540-12015-7.
1982, 130 Seiten mit 43 Abbildungen. 53.– DM

66 **Fernsehüberwachung von Schutzgasschweißvorgängen mit abschmelzender Elektrode MIG – MAG**
Von Ruprecht Niepold. ISBN 3-540-12181-7.
1983, 178 Seiten mit 73 Abbildungen und 5 Tabellen. 58.– DM

67 **Entwicklung flexibler Ordnungssysteme für die Automatisierung der Werkstückhandhabung in der Klein- und Mittelserienfertigung**
Von Karl Weiss. ISBN 3-540-12455-1.
1983, 116 Seiten mit 68 Abbildungen. 58.– DM

68 **Automatisierte Überwachungsverfahren für Fertigungseinrichtungen mit speicherprogrammierten Steuerungen**
Von Werner Eißler. ISBN 3-540-12456-X.
1983, 128 Seiten mit 66 Abbildungen. 58.– DM

69 **Prozeßüberwachung beim Galvanoformen**
Von Jürgen Wilhelm Böcker. ISBN 3-540-12457-8.
1983, 118 Seiten mit 32 Abbildungen. 58.– DM

70 **LAPEX – Ein rechnerunterstütztes Verfahren zur Betriebsmittelzuordnung**
Von Stephan Mayer. ISBN 3-540-12490-X.
1983, 162 Seiten mit 34 Abbildungen und 2 Tabellen. 58.– DM

71 **Gestaltung eines integrierten Produktionssystems für die Sortenfertigung unter Einsatz der Clusteranalyse**
Von Gerald Weber. ISBN 3-540-12650-3.
1983, 194 Seiten mit 54 Abbildungen. 58.– DM

72 **Gußputzen mit sensorgeführten, programmierbaren Handhabungsgeräten**
Von Eberhard Abele. ISBN 3-540-12651-1.
1983, 133 Seiten mit 66 Abbildungen. 58,– DM

73 **Untersuchungen zur Herstellung und zum Einsatz galvanogeformter Erodierelektroden**
Von Harald Müller. ISBN 3-540-12822-0.
1983, 148 Seiten mit 78 Abbildungen. 58,– DM

74 **Ein Beitrag zur Optimierung der Prozeßführungsstrategien automatisierter Förder- und Materialflußsysteme**
Von Hans Steffens. ISBN 3-540-12968-5.
1983. 161 Seiten mit 60 Abbildungen. 58,– DM

75 **Entwicklung eines Verfahrens zur wertmäßigen Bestimmung der Produktivität und Wirtschaftlichkeit von Personalentwicklungsmaßnahmen in Arbeitsstrukturen**
Von Christian Müller. ISBN 3-540-13041-1.
1983. 129 Seiten mit 34 Abbildungen. 58,– DM

76 **Berechnung der Gestaltänderung von Profilen infolge Strahlverschleiß**
Von Wolfgang Marx. ISBN 3-540-13054-3.
1983. 121 Seiten mit 58 Abbildungen. 58,– DM

77 **Algorithmen zur flexiblen Gestaltung der kurzfristigen Fertigungssteuerung**
Von Rudolf E. Scheiber. ISBN 3-540-13500-6.
1984, 150 Seiten mit 73 Abbildungen und 1 Tabelle. 63.– DM

78 **Galvanisieren mit moduliertem Strom**
Von Jürgen Wolfgang Mann. ISBN 3-540-13733-5.
1984, 145 Seiten und 58 Abbildungen. 63,– DM

79 **Fluoreszenzmeßverfahren zur Schmierfilmdickenmessung in Wälzlagern**
Von Wolfgang Schmutz. ISBN 3-540-13777-7.
1984, 141 Seiten und 66 Abbildungen. 63,– DM

IPA-IAO Forschung und Praxis

Berichte aus dem Fraunhofer-Institut für Produktionstechnik und Automatisierung (IPA), Stuttgart, Fraunhofer-Institut für Arbeitswirtschaft und Organisation (IAO), Stuttgart, und Institut für Industrielle Fertigung und Fabrikbetrieb der Universität Stuttgart

Herausgeber: Prof. Dr.-Ing. Dr. h. c. mult. H.-J. Warnecke und Prof. Dr.-Ing. habil. Prof. E. h. Dr. h. c. H.-J. Bullinger

---

80 **Flexibilität und Kapazität von Werkstückspeichersystemen**
Von Bernhard Graf. ISBN 3-540-13970-2.
1984, 115 Seiten mit 71 Abbildungen. 63,– DM

T1 **Flexible Fertigungssysteme**
17. IPA-Arbeitstagung zusammen mit der 3. Internationalen Konferenz „Flexible Manufacturing Systems (FMS-3)", ISBN 3-540-13807-2.
1984, 249 Seiten mit zahlreichen Abbildungen. 118,– DM

T2 **Integrierte Bürosysteme**
3. IAO-Arbeitstagung. ISBN 3-540-13978-8.
1984, 633 Seiten mit zahlreichen Abbildungen. 168,– DM

81 **Rechnerunterstützte Planung von Montageablaufstrukturen für Erzeugnisse der Serienfertigung**
Von Ernst-Dieter Ammer. ISBN 3-540-15056-0.
1985, 120 Seiten mit 1 Faltblatt und 33 Abbildungen. 63,– DM

82 **Flexibilität von personalintensiven Montagesystemen bei Serienfertigung**
Von Heinrich Vähning. ISBN 3-540-15093-5.
1985, 152 Seiten mit 49 Abbildungen. 63,– DM

83 **Ordnen von Werkstücken mit programmierbaren Handhabungsgeräten und Werkstückerkennungssensoren**
Von Ingo Schmidt. ISBN 3-540-15375-6.
1985, 111 Seiten mit 66 Abbildungen. 63,– DM

84 **Systematische Investitionsplanung**
Von Jorge Moser. ISBN 3-540-15370-5.
1985, 190 Seiten mit 69 Abbildungen. 63,– DM

T3 **Montage · Handhabung · Industrieroboter**
Internationaler MHI-Kongreß im Rahmen der Hannover-Messe '85. ISBN 3-540-15500-7.
1985, 267 Seiten mit zahlreichen Abbildungen. 128,– DM

85 **Flexible Montagesysteme – Konzeption und Feinplanung durch Kombination von Elementen**
Von Peter Konold / Bernd Weller. ISBN 3-540-15606-2.
1985, 162 Seiten mit 71 Abbildungen und 9 Tabellen. 63,– DM

T4 **Menschen · Arbeit · Neue Technologien**
4. IAO-Arbeitstagung zusammen mit der 2. Internationalen Konferenz „Human Factors in Manufacturing". ISBN 3-540-15763-8.
1985, 442 Seiten mit zahlreichen Abbildungen. 168,– DM

86 **Leitstandunterstützte kurzfristige Fertigungssteuerung bei Einzel- und Kleinserienfertigung**
Von Lothar Aldinger. ISBN 3-540-15903-7.
1985, 151 Seiten mit 49 Abbildungen und 2 Tabellen. 63,– DM

87 **Bestimmen des Bürstenverhaltens anhand einer Einzelborste**
Von Klaus Przyklenk. ISBN 3-540-15956-8.
1985, 117 Seiten mit 74 Abbildungen. 63,– DM

88 **Montage großvolumiger Produkte mit Industrierobotern**
Von Jörg Walther. ISBN 3-540-16027-2.
1985, 125 Seiten mit 58 Abbildungen. 63,– DM

89 **Algorithmen und Verfahren zur Erstellung innerbetrieblicher Anordnungspläne**
Von Wilhelm Dangelmaier. ISBN 3-540-16144-9.
1986, 268 Seiten mit 79 Abbildungen. 68,– DM

90 **Bewertung der Instandhaltung von Fertigungssystemen in der technischen Investitionsplanung**
Von Hagen U. Uetz. ISBN 3-540-16166-X.
1986, 129 Seiten mit 38 Abbildungen. 68,– DM

91 **Entgraten durch Hochdruckwasserstrahlen**
Von Manfred Schlatter. ISBN 3-540-16172-4.
1986, 167 Seiten mit 89 Abbildungen und 18 Tabellen. 68,– DM

92 **Werkstückorientierte Verfahrensauswahl zum Gußputzen mit Industrierobotern**
Von Wolfgang Sturz. ISBN 3-540-16224-0.
1986, 156 Seiten mit 59 Abbildungen. 68,– DM

93 **Verfahren zur Verringerung von Modell-Mix-Verlusten in Fließmontagen**
Von Reinhard Koether. ISBN 3-540-16499-5.
1986, 175 Seiten mit 46 Abbildungen und 1 Tabelle. 68,– DM

94 **Entwicklung und Einsatz eines interaktiven Verfahrens zur Leistungsabstimmung von Montagesystemen**
Von Günter Schad. ISBN 3-540-16978-4.
1986, 120 Seiten mit 31 Abbildungen und 1 Tabelle. 68,– DM

95 **Qualifizierung an Industrierobotern**
Von Wolfgang Bachl. ISBN 3-540-17018-9.
1986, 218 Seiten mit 30 Abbildungen. 68,– DM

96 **Rechnersimulation des Beschichtungsprozesses beim Elektrotauchlackieren – Anwendung zum Berechnen des Umgriffs**
Von Otto Baumgärtner. ISBN 3-540-17102-9.
1986, 113 Seiten mit 42 Abbildungen. 68,– DM

97 **Ergonomische Gestaltung von Rotationsstellteilen für grob- und sensomotorische Tätigkeiten**
Von Werner F. Muntzinger. ISBN 3-540-17247-5.
1986, 135 Seiten mit 51 Abbildungen und 33 Tabellen. 68,– DM

98 **Die optische Rauheitsmessung in der Qualitätstechnik**
Von R.-J. Ahlers. ISBN 3-540-17242-4.
1986, 133 Seiten mit 56 Abbildungen und 2 Tabellen. 68,– DM

99 **Maschinelle Spracherkennung zur Verbesserung der Mensch-Maschine-Schnittstelle**
Von Gerhard Rigoll. ISBN 3-540-17350-1.
1986, 134 Seiten mit 55 Abbildungen. 68,– DM

100 **Konzeption und Auswahl modularer Magazinpaletten**
Von Thomas Zipse. ISBN 3-540-17584-9.
1987, 126 Seiten mit 54 Abbildungen. 68,– DM

101 **Anschlüsse an Kupferrohre – Herstellung und Automatisierungsmöglichkeit**
Von Eberhard Rauschnabel. ISBN 3-540-17807-4.
1987, 120 Seiten mit 88 Abbildungen. 68,– DM

102 **Mengen- und ablauforientierte Kapazitätsplanung von Montagesystemen**
Von Hans Sauer. ISBN 3-540-17815-5.
1987, 156 Seiten mit 64 Abbildungen. 68,– DM

103 **Verfahrensinstrumentarium zur Werkstückauswahl und Auslegung von Industrieroboterschweißsystemen**
Von Herbert Gzik. ISBN 3-540-17928-3.
1987, 138 Seiten mit 56 Abbildungen. 68,– DM

104 **Integration von Förder- und Handhabungseinrichtungen**
Von Joachim Schuler. ISBN 3-540-17955-0.
1987, 153 Seiten mit 61 Abbildungen. 68,– DM

105 **Produktionsmengen- und -terminplanung bei mehrstufiger Linienfertigung**
Von H. Kühnle. ISBN 3-540-18038-9.
1987, 124 Seiten mit 25 Abbildungen. 68,– DM

106 **Untersuchung des Plasmaschneidens zum Gußputzen mit Industrierobotern**
Von Jong-Oh Park. ISBN 3-540-18037-0.
1987, 142 Seiten mit 70 Abbildungen. 68,– DM

107 **Fügen von biegeschlaffen Steckkontakten mit Industrierobotern**
Von Daegab Gweon. ISBN 3-540-18134-2.
1987, 115 Seiten mit 13 Abbildungen. 68,– DM

108 **Entwicklung eines biomechanischen Modells des Hand-Arm-Systems**
Von Georgios Tsotsis. ISBN 3-540-18135-0.
1987, 163 Seiten mit 45 Abbildungen. 68,– DM

109 **Ein Beitrag zur Planungssystematik für die automatisierte flexible Blechteilefertigung**
Von Thomas Weber. ISBN 3-540-18136-9.
1987, 149 Seiten mit 56 Abbildungen. 68,– DM

110 **Entwicklung eines Meßverfahrens zur Bestimmung des Positionier- und Orientierungsverhaltens von Industrierobotern**
Von Günter Schiele. ISBN 3-540-18137-7.
1987, 116 Seiten mit 48 Abbildungen. 68,– DM

111 **Schwingungsbelastung beim Arbeiten mit handgeführten, einachsigen Motormähgeräten**
Von Peter Kern. ISBN 3-540-18193-8.
1987, 145 Seiten mit 43 Abbildungen und 5 Tabellen. 68,– DM

112 **Entwicklung eines berührungslosen Tastsystems für den Einsatz an Koordinatenmeßgeräten**
Von Hie-Sik Kim. ISBN 3-540-18578-X.
1987, 111 Seiten mit 62 Abbildungen und 4 Tabellen. 68,– DM

113 **Qualifizierung an Industrierobotern – Ziele, Inhalte und Methoden**
Von Volker Korndörfer. ISBN 3-540-18618-2.
1987, 318 Seiten mit 100 Abbildungen. 68,– DM

114 **Funktional und räumlich variables und modulares Laborgerätesystem**
Von Alfred Mack. ISBN 3-540-18786-3.
1988, 116 Seiten mit 39 Abbildungen. 73,– DM

115 **Produktrecycling im Maschinenbau**
Von Rolf Steinhilper. ISBN 3-540-18849-5.
1988, 167 Seiten mit 50 Abbildungen. 73,– DM

116 **Integration der montagegerechten Produktgestaltung in den Konstruktionsprozeß**
Von Rudolf Bäßler. ISBN 3-540-19058-9.
1988, 133 Seiten mit 49 Abbildungen. 73,– DM

117 **Ein Algorithmus zur kapazitätsorientierten Bildung von Losen**
Von Tilmann Greiner. ISBN 3-540-19300-6.
1988, 135 Seiten mit 37 Abbildungen. 73,– DM

118 **Kabelbaummontage mit Industrierobotern**
Von Gerd Schlaich. ISBN 3-540-19301-4.
1988, 131 Seiten mit 62 Abbildungen. 73,– DM

119 **Beitrag zur Verbesserung der Fertigungskostentransparenz bei Großserienfertigung mit Produktvielfalt**
Von Albrecht Köhler. ISBN 3-540-19393-6.
1988, 148 Seiten mit 72 Abbildungen. 73,– DM

120 **Entwicklungs- und Planungshilfen zum Aufbau von flexiblen Ordnungssystemen**
Von Rainer Schanz. ISBN 3-540-19394-4.
1988, 104 Seiten mit 48 Abbildungen. 73,– DM

121 **Bestücken von Leiterplatten mit Industrierobotern**
Von Ernst Wolf. ISBN 3-540-50013-8.
1988, 132 Seiten mit 63 Abbildungen. 73,– DM

122 **Verschleißvorgänge beim Querschneiden dünner Bahnen**
Von Thomas Hülsmann. ISBN 3-540-50049-9.
1988, 126 Seiten mit 47 Abbildungen und 5 Tabellen. 73,– DM

123 **Geometrieprüfung in der Fertigungsmeßtechnik mit bildverarbeitenden Systemen**
Von Claus P. Keferstein. ISBN 3-540-50050-2.
1988, 128 Seiten mit 53 Abbildungen. 73,– DM

124 **Modulares Simulationsmodell für die Abläufe in verketteten Fertigungszellen mit Industrierobotern**
Von Kum-Hoan Kuk. ISBN 3-540-50069-3.
1988, 130 Seiten mit 57 Abbildungen. 73,– DM

125 **Montage von Schläuchen mit Industrierobotern**
Von Bruno Frankenhauser. ISBN 3-540-50072-3.
1988, 139 Seiten mit 63 Abbildungen. 73,– DM

126 **Kommissioniersystem mit Roboter und Mehrstückgreifer**
Von Klaus Baumeister. ISBN 3-540-50133-9.
1988, 104 Seiten mit 53 Abbildungen. 73,– DM

127 **Sensorunterstütztes Programmierverfahren für das Entgraten mit Industrierobotern**
Von Dieter Boley. ISBN 3-540-50175-4.
1988, 128 Seiten mit 67 Abbildungen. 73,– DM

128 **Die Arbeitsraumgestaltung manueller Montagearbeitsplätze mit graphischen und wissensbasierten Methoden**
Von Klaus Lay. ISBN 3-540-50259-9.
1988, 129 Seiten mit 50 Abbildungen und 7 Tabellen. 73,– DM

129 **Automatisierung des Biegerichtens**
Von Stefan Thiel. ISBN 3-540-50432-X.
1988, 142 Seiten mit 57 Abbildungen und 5 Tabellen. 73,– DM

130 **Rechnergestützte Verfahren zur Auslegung der Mechanik von Industrierobotern**
Von Martin-Christoph Wanner. ISBN 3-540-50640-3.
1989, 202 Seiten mit 80 Abbildungen. 73,– DM

131 **Entwicklung eines bestandsorientierten Fertigungssteuerungssystems für die Großserienfertigung am Beispiel des Automobilbaus**
Von G. Hachtel. ISBN 3-540-50639-X.
1989, 163 Seiten mit 34 Abbildungen und 6 Tabellen. 73,– DM

132 **Ergonomische Gestaltung der Benutzerschnittstelle am Antriebssystem des Greifreifenrollstuhls**
Von Ludwig Traut. ISBN 3-540-50877-5.
1989, 210 Seiten mit 127 Abbildungen. 73,– DM

133 **Planung taktzeitoptimierter flexibler Montagestationen**
Von Joachim Schöninger. ISBN 3-540-50896-1.
1989, 122 Seiten mit 47 Abbildungen. 73,– DM

134 **Ein Modell für ein integriertes Qualitäts- und Prüfplanungssystem in der Montage**
Von Josef R. Kring. ISBN 3-540-51195-4.
1989, 140 Seiten mit 60 Abbildungen. 73,– DM

135 **Fertigungsstrukturierung auf der Basis von Teilefamilien**
Von Manfred Auch. ISBN 3-540-51290-X.
1989, 138 Seiten mit 34 Abbildungen. 73,– DM

136 **Kollisionsbehandlung als Grundbaustein eines modularen Industrieroboter-Off-line-Programmiersystems**
Von Andreas Altenhein. ISBN 3-540-51418-X.
1989, 129 Seiten mit 53 Abbildungen. 73,– DM

137 **Ein Beitrag zur Planung und Bewertung Neuer Arbeitsstrukturen in NE-Metallgießereien Dargestellt am Beispiel der Fertigungsinsel**
Von Horst Nespeta. ISBN 3-540-51419-8.
1989, 157 Seiten mit 58 Abbildungen. 73,– DM

138 **Verfahren zur Prüfung der Partikelkontamination in Versorgungssystemen für hochreine Flüssigkeiten**
Von Rolf Herz. ISBN 3-540-51457-0.
1989, 123 Seiten mit 61 Abbildungen. 73,– DM

139 **Messung gekrümmter Flächen mit berührungslosen Verfahren**
Von Leo Schreiber. ISBN 3-540-51493-7.
1989, 119 Seiten mit 72 Abbildungen. 73,– DM

140 **Automatisiertes Lackieren mit steuerbaren Spritzpistolen**
Von Konrad A. Ortlieb. ISBN 3-540-51518-6.
1989, 121 Seiten mit 45 Abbildungen. 73,– DM

141 **Grundlagen zur Entwicklung reinraumtauglicher Handhabungssysteme**
Von Jürgen Geißinger. ISBN 3-540-51959-9.
1989, 124 Seiten mit 82 Abbildungen. 73,– DM

142 **CAD-Video-Somatographie**
Entwicklung und Bewertung einer Methode zur anthropometrischen Arbeitsgestaltung
Von Dieter Lorenz. ISBN 3-540-52163-1.
1989, 169 Seiten mit 61 Abbildungen. 73,– DM

143 **Eine Systemarchitektur für die Gestaltung und das Management verteilter Informationssysteme**
Von Andreas J. Ness. ISBN 3-540-52224-7.
1990, 203 Seiten mit 62 Abbildungen. 78,– DM

144 **Untersuchungen über den optisch-physiologischen Eindruck der Oberflächenstruktur von Lackfilmen**
Von Horst Schene. ISBN 3-540-52226-3.
1990, 149 Seiten mit 106 Abbildungen. 78,– DM

145 **Planungsmethodik für ein Qualitätskostensystem**
Von Alfred Rauba. ISBN 3-540-52477-0.
1990, 166 Seiten mit 73 Abbildungen. 78,– DM

146 **Kleinserienbestückung von Leiterplatten mit bedrahteten Bauelementen durch Industrieroboter**
Von Martin Domm. ISBN 3-540-52867-9.
1990, 106 Seiten mit 48 Abbildungen. 78,– DM

147 **Sensor- und Steuerungssystem für die leitlinienlose Führung automatischer Flurförderzeuge**
Von Gerhard Drunk. ISBN 3-540-53033-9.
1990, 135 Seiten mit 52 Abbildungen. 78,– DM

148 **Ein System zur wissensbasierten Diagnose an CNC-Werkzeugmaschinen durch den Maschinenbediener**
Von Klaus-Peter Fähnrich. ISBN 3-540-53034-7.
1990, 132 Seiten mit 48 Abbildungen und 18 Tabellen. 78,– DM

149 **Werkstückbegleitender Informationsspeicher als Basis für ein informationstechnisches Konzept für Halbleiterfertigungen**
Von Klaus-Dieter Sauter. ISBN 3-540-53236-6.
1990, 115 Seiten mit 55 Abbildungen. 78,– DM

150 **Ein Planungsverfahren zur Erkennung und Bewältigung von Material- und Kapazitätsengpässen bei mehrstufiger Linienfertigung**
Von Ralf-Michael Fuchs. ISBN 3-540-53271-4.
1990, 176 Seiten mit 65 Abbildungen. 78,– DM

151 **Montage von Schrauben mit Industrierobotern**
Von Gernot E. Fischer. ISBN 3-540-53519-5.
1990, 97 Seiten mit 37 Abbildungen. 78,– DM

152 **Flächenorientierte Termin- und Kapazitätsplanung bei innerbetrieblicher Baustellenfertigung**
Von Rolf Schlauch. ISBN 3-540-53584-5.
1990, 130 Seiten mit 53 Abbildungen. 78,– DM

153 **Wissensbasierte Entscheidungsunterstützung bei der Auswahl von Industrierobotern**
Von Günter Jordan. ISBN 3-540-53744-9.
1991, 116 Seiten mit 49 Abbildungen. 78,– DM

154 **Simulationssystem für Fertigungsprozesse mit Stückgutcharakter**
Ein gegenstandsorientiertes System mit parametrisierter Netzwerkmodellierung
Von Bernd-Dietmar Becker. ISBN 3-540-53847-X.
1991, 162 Seiten mit 48 Abbildungen und 47 Tabellen. 78,– DM

155 **Algorithmen der Sprachverarbeitung zur Entwicklung eines vollsynthetischen Sprachausgabesystems**
Von Gerhard Rigoll. ISBN 3-540-53870-4.
1991, 321 Seiten mit 235 Abbildungen. 78,– DM

156 **Wissensbasierte CAD-Systemkomponente zum Entwurf montagegerechter Produkte**
Von Ralph Richter. ISBN 3-540-54725-8.
1991, 137 Seiten mit 56 Abbildungen. 78,– DM

157 **Heftschweißverfahren für das Lagefixieren von Werkstücken beim Schutzgasschweißen mit Industrierobotern**
Von Carsten Martin Claussen. ISBN 3-540-54951-X.
1991, 140 Seiten mit 43 Abbildungen. 78,– DM

158 **Ein Beitrag zur Meßdatenverarbeitung in der Koordinatenmeßtechnik**
Von Thomas Garbrecht. ISBN 3-540-55030-5.
1991, 135 Seiten mit 94 Abbildungen und 5 Tabellen. 78,– DM

159 **Ein Beitrag zur Planung und Optimierung der Verfahrensteilung in der Fertigung**
Von Hans-Peter Roth. ISBN 3-540-55113-1.
1992, 130 Seiten mit 50 Abbildungen. 78,– DM

160 **Flexible Montage von Leitungssätzen mit Industrierobotern**
Von Herbert H. Emmerich ISBN 3-540-55227-8.
1992, 135 Seiten mit 70 Abbildungen. 88,– DM

161 **Toleranzausgleichssysteme für Industrieroboter am Beispiel des feinwerktechnischen Bolzen-Loch-Problems**
Von Uwe Schweigert ISBN 3-540-55228-6.
1992, 119 Seiten mit 61 Abbildungen. 88,– DM

162 **Entwicklung eines interaktiven Simulators auf der Basis von Petri-Netzen zur Modellierung und Bewertung hybrider Montagestrukturen**
Von W. Schweizer ISBN 3-540-55229-4.
1992, 159 Seiten mit 76 Abbildungen. 88,– DM

163 **Entwicklung eines Verfahrens zur rechnerunterstützten Gestaltung verteilter Informationssysteme**
Von Friedemann Reim ISBN 3-540-55269-3.
1992, 151 Seiten mit 43 Abbildungen. 88,– DM

164 **EDV-gestützte Planungs- und Entscheidungshilfen zur Auslegung von Produktionsstrukturen mit strukturkostenoptimierten Dezentralen Verantwortungsbereichen**
Von Ulrich Hallwachs ISBN 3-540-55477-7.
1992, 186 Seiten mit 66 Abbildungen. 88,– DM

165 **Strömungstechnische Auslegung reinraumtauglicher Fertigungseinrichtungen**
Von Elmar Degenhart ISBN 3-540-55478-5.
1992, 137 Seiten mit 72 Abbildungen. 88,– DM

166 **Synthese und Simulation dreidimensionaler Hand-Arm-Bewegungen an manuellen Montagearbeitsplätzen**
Von Raimund Menges ISBN 3-540-55752-0.
1992, 215 Seiten mit 70 Abbildungen. 88,– DM

167 **Bewertung inhomogener fraktaler Strukturen und Skalenanalyse von Texturen**
Von Uwe Müssigmann ISBN 3-540-55796-2.
1992, 99 Seiten mit 43 Abbildungen. 88,– DM

168 **Ein Informationssystem für Instandhaltungsleitstellen**
Von Wilfried Sihn ISBN 3-540-55853-5.
1992, 167 Seiten mit 67 Abbildungen. 88,– DM

169 **Verfahren zum automatischen Palettieren von quaderförmigen Packstücken im beliebigen Sortenmix**
Von Walter Michael Strommer ISBN 3-540-55922-1.
1992, 105 Seiten mit 47 Abbildungen. 88,– DM

170 **Planung der Kinematik von Industrierobotersystemen zum Schutzgasschweißen im Schiffbau**
Von Wolfgang Utner ISBN 3-540-55923-X.
1992, 134 Seiten mit 31 Abbildungen und 3 Tabellen. 88,– DM

171 **Montage von Pressverbindungen mit Industrierobotern**
Von Günther Würtz ISBN 3-540-56300-8.
1992, 124 Seiten mit 55 Abbildungen. 88,– DM

172 **Rationalisierungspotential der montagegerechten Produktgestaltung bei der Montage mit Industrierobotern**
Von Thomas Schmaus ISBN 3-540-56400-4.
1992, 122 Seiten mit 55 Abbildungen. 88,– DM

173 **Erhöhung der Variantenflexibilität in Mehrmodell-Montagesystemen durch ein Verfahren zur Leistungsabstimmung**
Von Felix Fremerey ISBN 3-540-56549-3.
1993, 150 Seiten mit 38 Abbildungen und 6 Tabellen. 88,– DM

174 **Automatische Montage von O-Ringen**
Von Johannes F. Wößner ISBN 3-540-56657-0.
1993, 94 Seiten mit 43 Abbildungen. 88,– DM

175 **Systeme kombinierter multimodaler Mensch-Rechner-Interaktionen**
Von Karl-Heinz Hanne ISBN 3-540-56687-2.
1993, 131 Seiten mit 46 Abbildungen. 88,– DM

176 **Regelbasiertes Verfahren zur Montageablaufplanung in der Serienfertigung**
Von Klaus Thaler ISBN 3-540-56829-8.
1993, 132 Seiten mit 63 Abbildungen. 88,– DM

177 **Rechnergestütztes Bediensystem für einen Telemanipulator zur Sanierung von gemauerten Abwasserkanälen**
Von Kurt Alexander Schließmann ISBN 3-540-56875-1.
1993, 135 Seiten mit 57 Abbildungen und 7 Tabellen. 88,– DM

178 **Konturantastende und optoelektronische Koordinatenmeßgeräte für den industriellen Einsatz**
Von Wolfgang Rauh ISBN 3-540-56876-X.
1993, 124 Seiten mit 43 Abbildungen. 88,– DM

179 **Konzeption für ein Sensor- und Steuerungssystem zur automatischen Führung eines Walzenschrämladers entlang der Grenzlinie von Kohle und Nebengestein**
Von Stephan Matthias Forster ISBN 3-540-57159-0.
1993, 147 Seiten mit 63 Abbildungen. 88,– DM

180 **Ein dreidimensionales Bildverarbeitungssystem für die Automatisierung visueller Prüfvorgänge**
Von Jianzhong Lu ISBN 3-540-57160-4.
1993, 113 Seiten mit 45 Abbildungen und 2 Tabellen. 88,– DM

181 **Erschließung technischer und organisatorischer Potentiale durch die Komplettbearbeitung auf Drehmaschinen mit Hilfe der Teileanalyse**
Von Helmut Schaal ISBN 3-540-57212-0.
1993, 126 Seiten mit 42 Abbildungen und 2 Tabellen. 88,– DM

182 **Prüfverfahren zur Untersuchung der Partikelreinheit technischer Oberflächen**
Von Bernhard Klumpp ISBN 3-540-57302-X.
1993, 108 Seiten mit 50 Abbildungen. 88,– DM

183 **Automatisierung der Justage von Drehankerrelais**
Von G. Krüll ISBN 3-540-57303-8.
1993, 113 Seiten mit 59 Abbildungen. 88,– DM

184 **Prozeßstrukturen der chemischen Vernickelung**
Von Hans Gut ISBN 3-540-57304-6.
1993, 108 Seiten mit 37 Abbildungen und 5 Tabellen. 88,– DM

185 **Ein Verfahren zur Konstruktion anwendungoptimierter Ultraschallsensoren auf der Basis von Schallkanälen**
Von Achim Langen ISBN 3-540-57376-3.
1993, 140 Seiten mit 72 Abbildungen. 88,– DM

186 **Ein rechnerunterstütztes System für die technische Dokumentation und Übersetzung**
Von Renate Mayer ISBN 3-540-57409-3.
1993, 126 Seiten mit 59 Abbildungen. 88,– DM

187 **Theoretische und experimentelle Untersuchungen an dreidimensionalen Wirbelströmungen für industrielle Absauganlagen**
Von Wolf-Jürgen Denner ISBN 3-540-57410-7.
1993, 141 Seiten mit 78 Abbildungen und 10 Tabellen. 88,– DM

188 **Planungsmethodik für den Aufbau von Qualitätssicherungssystemen in kleinen und mittleren Produktionsunternehmen**
Von Rainer Hummel ISBN 3-540-57727-0.
1993, 221 Seiten mit 114 Abbildungen und 6 Tabellen. 88,– DM

189 **Plasmamodifikation von Kunststoffoberflächen zur Haftfestigkeitssteigerung von Metallschichten**
Von Dieter Andreas Mann ISBN 3-540-57745-9.
1994, 133 Seiten mit 83 Abbildungen und 6 Tabellen. 88,– DM

190 **Softwareentwicklung für speicherprogrammierbare Steuerungen im integrierten, rechnergestützten Konstruktionsprozeß**
Von Kornelius Hengel ISBN 3-540-57765-3.
1994, 133 Seiten mit 48 Abbildungen. 88,– DM

191 **Vorrichtungssysteme für die flexibel automatisierte Montage**
Von Armin Willy ISBN 3-540-57784-X.
1994, 121 Seiten mit 60 Abbildungen. 88,– DM

192 **Wissensbasiertes Selbstheilungs- und Diagnosesystem für CNC-Koordinatenmeßgeräte**
Von Wilhelm Steger ISBN 3-540-57829-3.
1994, 147 Seiten mit 79 Abbildungen. 88,– DM

193 **Modell für ein rechnerunterstütztes Qualitätssicherungssystem gemäß DIN ISO 9000 ff.**
Von Ulrich Lübbe ISBN 3-540-57831-5.
1994, 152 Seiten mit 59 Abbildungen. 88,– DM

194 **Vorgehenssystematik zum Prototyping graphisch-interaktiver Audio/Video-Schnittstellen**
Von Claus Görner ISBN 3-540-57886-2.
1994, 181 Seiten mit 66 Abbildungen. 88,– DM

195 **Bewertung von Rechnerinvestitionen durch den Vergleich von Wertschöpfungsketten**
Von Christian F. Mayer ISBN 3-540-57969-9.
1994, 144 Seiten mit 45 Abbildungen und 24 Tabellen. 88,– DM

196 **Ein Verfahren zur kostenorientierten Produktionsprogramm- und Kapazitätsplanung bei losweiser Montage**
Von J. Kurz ISBN 3-540-57971-0.
1994, 124 Seiten mit 26 Abbildungen und 3 Tabellen. 88,– DM

197 **Direktmontage von Leitungen mit Industrierobotern**
Von Stefan Koller ISBN 3-540-58224-X.
1994, 105 Seiten mit 52 Abbildungen. 88,– DM

198 **Eine objektorientierte Architektur für Leitstände zur Feinplanung**
Von Thomas Otterbein ISBN 3-540-58273-8.
1994, 183 Seiten mit 90 Abbildungen. 88,– DM

199 **Erhöhung der Fertigungssicherheit und -qualität beim Hochdruckwasserstrahlen durch den Einsatz von Sensoren**
Von Michael Knaupp ISBN 3-540-58440-4.
1994, 117 Seiten mit 101 Abbildungen. 88,– DM

200 **Verfahren zur Bewertung von Auftrags-Durchlaufzeiten in den indirekt-produktiven Bereichen von Maschinenbau-Unternehmen**
Von Robert Müller ISBN 3-540-58478-1.
1994, 152 Seiten mit 32 Abbildungen. 88,– DM

201 **Verfahrensprüfstand für das Bearbeiten mit Industrierobotern**
Von Peter Schlaich ISBN 3-540-58510-9.
1994, 114 Seiten mit 60 Abbildungen. 88,– DM

202 **Entwicklung und Optimierung von Prozeßkomponenten zur ionenunterstützten Abscheidung bei PVD-Verfahren**
Von Walter Olbrich ISBN 3-540-58511-7.
1994, 126 Seiten mit 62 Abbildungen und 7 Tabellen. 88,– DM

203 **Verfahren der Konturanalyse zur Automatisierung visueller Prüfvorgänge**
Von Knut Kille ISBN 3-540-58513-3.
1994, 105 Seiten mit 50 Abbildungen und 15 Tabellen. 88,– DM

204 **Verfahren zur Verbesserung der Ausfallsicherheit verteilter Informationssysteme**
Von Helmut Meitner ISBN 3-540-58623-7.
1995, 196 Seiten mit 54 Abbildungen und 13 Tabellen. 88,– DM

205 **Ein unscharfes Planungsverfahren zur mittelfristigen Personalkapazitätsanpassung für die bedarfsorientierte Serienproduktion**
Von Hans-Jürgen Braun ISBN 3-540-58819-1.
1995, 164 Seiten mit 40 Abbildungen und 10 Tabellen. 88,– DM

206 **Rechnergestützte Auslegungsverfahren für Großmanipulatoren mit Gelenkarmkinematik**
Von Werner Engeln ISBN 3-540-58871-X.
1995, 135 Seiten mit 52 Abbildungen und 18 Tabellen. 88,– DM

207 **Montagestrukturplanung für variantenreiche Serienprodukte**
Von Ulrich Zeile ISBN 3-540-58937-6.
1995, 122 Seiten mit 65 Abbildungen. 88,– DM

208 **Entwicklung eines objektorientierten Informationssystems zur optimierten Werkstoffauswahl**
Von Dietmar R. Fischer ISBN 3-540-58938-4.
1995, 193 Seiten mit 37 Abbildungen und 14 Tabellen. 88,– DM

209 **Entwicklung einer flexibel automatisierten Nähanlage**
Von Oliver Krockenberger ISBN 3-540-58939-2.
1995, 122 Seiten mit 75 Abbildungen. 88,– DM

210 **Ultraschallbahnschweißen von Kunststoffteilen mit Industrierobotern**
Von Thomas Wagner ISBN 3-540-58940-6.
1995, 93 Seiten mit 37 Abbildungen. 88,– DM

211 **Flexibel automatisierte Montage hochpoliger Rundkabel**
Von Ralf Cramer ISBN 3-540-58979-1.
1995, 116 Seiten mit 59 Abbildungen. 88,– DM

212 **Automatische Reparatur elektronischer Baugruppen**
Von Thomas Leicht ISBN 3-540-59015-3.
1995, 99 Seiten mit 46 Abbildungen. 88,– DM

213 **Montage von Schlauchschellen mit Industrierobotern**
Von Herbert Dreher ISBN 3-540-59035-8.
1995, 103 Seiten mit 63 Abbildungen. 88,– DM

214 **Arbeitsprogrammgenerierung zum Schutzgasschweißen mit Industrierobotersystemen im Schiffbau**
Von Peter Schmid ISBN 3-540-59058-7.
1995, 131 Seiten mit 42 Abbildungen. 88,– DM

215 **Flexible Demontage mit dem Industrieroboter am Beispiel von Fernsprech-Endgeräten**
Von Martin Kahmeyer ISBN 3-540-59390-X.
1995, 99 Seiten mit 52 Abbildungen. 88,– DM

216 **Der logisch-pragmatische Gebrauch von Konditionalsätzen. Eine dialog-logische Analyse**
Von Antonius Jacobus Maria van Hoof ISBN 3-540-59463-9.
1995, 146 Seiten mit 65 Abbildungen. 88,– DM

217 **Arbeits- und organisationspsychologische Interventionen bei der Einführung von Gruppenarbeit in dezentral ausgerichteten Fertigungsinseln**
Von Manfred Schlund ISBN 3-540-60012-4.
1995, 426 Seiten mit 24 Abbildungen und 29 Tabellen. 88,– DM

218 **Herstellung geformter Schläuche mit Formdornen aus Formgedächtnislegierung**
Von Thomas Weisener ISBN 3-540-60019-1.
1995, 88 Seiten mit 48 Abbildungen. 88,– DM

219 **Benutzerwerkzeuge an Fertigungssteuerungs-Leitständen**
Von Manfred Kroneberg ISBN 3-540-60096-5.
1995, 154 Seiten mit 84 Abbildungen. 88,– DM

220 **Werkstattsteuerung mit genetischen Algorithmen und simulativer Bewertung**
Von Jörg Schulte ISBN 3-540-60281-X.
1995, 163 Seiten mit 55 Abbildungen und 7 Tabellen. 88,– DM

221 **Ein Verfahren zur automatischen Generierung von softwareergonomisch gestalteten Benutzungsoberflächen**
Von Anette Weisbecker ISBN 3-540-60242-9.
1995, 140 Seiten mit 38 Abbildungen und 48 Tabellen. 88,– DM

222 **Verfahren zur Reduzierung der Hand-Arm-Schwingungsbelastung an Trennschleifern**
Von Rainer Eckert ISBN 3-540-60282-8.
1995, 187 Seiten mit 80 Abbildungen und 23 Tabellen. 88,– DM

223 **Individualisierbare heuristische Einplanung für rechnerbasierte Leitstände**
Von Andreas Huthmann ISBN 3-540-60424-3.
1995, 137 Seiten mit 74 Abbildungen. 88,– DM

224 **Recycling von Wasserlackoverspray durch Elektrophorese**
Von Klaus Berewinkel ISBN 3-540-60519-3.
1996, 177 Seiten mit 75 Abbildungen. 88,– DM

225 **Wissensbasierte Programmierung von Industrierobotern zum Schutzgasschweißen im Stahlhochbau**
Von Christoph Hartfuss ISBN 3-540-60661-0.
1996, 123 Seiten mit 48 Abbildungen. 88,– DM

226 **Verfahren zur Gestaltung rechnergestützter Büroprozesse**
Von Michael Rathgeb ISBN 3-540-60660-2.
1996, 278 Seiten mit 69 Abbildungen. 88,– DM

227 **Dialogentwicklung für objektorientierte, graphische Benutzungsschnittstellen**
Von Christian Janssen ISBN 3-540-60719-6.
1996, 154 Seiten mit 70 Abbildungen und 4 Tabellen. 88,– DM

228 **Bewertung und Verbesserung der fertigungsgerechten Gestaltung von Blechwerkstücken**
Von Ulrich Abele ISBN 3-540-61019-7.
1996, 184 Seiten mit 72 Abbildungen. 88,– DM

229 **Merkmalsbasierte Definition von Freiformgeometrien auf der Basis räumlicher Punktwolken**
Von Sabine Roth-Koch ISBN 3-540-61020-0.
1996, 145 Seiten mit 68 Abbildungen. 88,– DM

230 **Fokussierung im Dialog: Aspekte der Fokusintonation im Deutschen**
Von Joachim Machate ISBN 3-540-61165-7.
1996, 155 Seiten mit 22 Abbildungen und 22 Tabellen. 88,– DM

231 **Qualitätsgerechte Auslegung flexibler Produktionssysteme mit Hilfe von Simulation**
Von Egbert Englert ISBN 3-540-61277-7.
1996, 126 Seiten mit 60 Abbildungen. 88,– DM

232 **Projektierungsverfahren für technische Software dargestellt an wissensbasierten Systemen**
Von Eberhard Kurz ISBN 3-540-61426-5.
1996, 129 Seiten mit 57 Abbildungen. 88,– DM

233 **Typologie zur systematischen Gestaltung der Arbeitsorganisation für Flexible Fertigungssysteme**
Von Sabine Stephan ISBN 3-540-61465-6.
1996, 186 Seiten mit 39 Abbildungen und 63 Tabellen. 88,– DM

234 **Entwicklung eines Werkzeuges zum Störungsmanagement in der Produktionsregelung**
Von Rainer Bamberger ISBN 3-540-61515-6.
1996, 157 Seiten mit 92 Abbildungen. 88,– DM

235 **Ein Verfahren zur automatischen Generierung von Steuerprogrammen für Roboterfahrzeuge**
Von Joachim Müllerschön ISBN 3-540-61514-8.
1996, 140 Seiten mit 79 Abbildungen. 88,– DM

236 **Automatische Kalibrierung der koppelnden Ortung mobiler Plattformen**
Von Achim Merklinger ISBN 3-540-61632-2.
1996, 106 Seiten mit 36 Abbildungen und 25 Tabellen. 88,– DM

237 **Händigkeitsgerechte Gestaltung der Mensch-Maschine-Schnittstelle**
Von Martin Schmauder ISBN 3-540-61657-8.
1996, 141 Seiten mit 44 Abbildungen und 9 Tabellen. 88,– DM

238 **Ein simulationsgestütztes Verfahren zur Wirtschaftlichkeitsbestimmung von Fertigungsprozessen mit Stückgutcharakter**
Von Erhard Vollmer ISBN 3-540-62408-2.
1996, 111 Seiten mit 10 Abbildungen und 22 Tabellen. 88,– DM

239 **Ein Verfahren zur reportbasierten Diagnose von technischen Maschinenstörungen in der Instandhaltung**
Von Walter Wincheringer ISBN 3-540-62410-4.
1996, 169 Seiten mit 61 Abbildungen. 88,– DM

240 **Eine Vorgehensweise zum objektorientierten Entwurf graphisch-interaktiver Informationssysteme**
Von Jürgen Ziegler ISBN 3-540-62547-X.
1997, 146 Seiten mit 36 Abbildungen und 20 Tabellen. 88,– DM

241 **Zur Fehlerkompensation und Bahnkorrektur für eine mobile Großmanipulator-Anwendung**
Von Klaus Dieter Rupp ISBN 3-540-62625-5.
1997, 140 Seiten mit 48 Abbildungen und 17 Tabellen. 88,– DM

242 **Entwicklung eines QFD-gestützten Verfahrens zur Produktplanung und -entwicklung für kleine und mittlere Unternehmen**
Von Jürgen Hoffmann ISBN 3-540-62638-7.
1997, 158 Seiten mit 89 Abbildungen. 88,– DM

243 **Ein Verfahren zur flexiblen Fertigungsführung eines Fertigungssystems für Kleinserien mit unterschiedlich autonomen Arbeitsstationen**
Von Rainer Kämpf ISBN 3-540-62653-0.
1997, 174 Seiten mit 68 Abbildungen. 88,– DM

244 **Flexibel automatisiertes Taumelnieten**
Von Wolf-Dietrich Schneider ISBN 3-540-62654-9.
1997, 88 Seiten mit 43 Abbildungen. 88,– DM

245 **Verfahren zur Erkennung unfallträchtiger Verkantungsfälle bei handgeführten Trennschleifern**
Von Christoph Bolay ISBN 3-540-62767-7.
1997, 170 Seiten mit 71 Abbildungen. 88,– DM

246 **Rechnergestütztes Sourcingsystem für spanende Fertigungskapazitäten klein- und mittelständischer Unternehmen**
Von Jürgen Funk ISBN 3-540-62815-0.
1997, 106 Seiten mit 63 Abbildungen. 88,– DM

247 **Bahnlöten von Blechgehäusen mit Industrierobotern**
Von Manfred Gaul ISBN 3-540-63064-3.
1997, 114 Seiten mit 52 Abbildungen. 88,– DM

248 **Ein Verfahren zur Optimierung der Kraftwerksrevisionsplanung und -durchführung**
Von Siegfried Stender ISBN 3-540-63168-2.
1997, 160 Seiten mit 36 Abbildungen. 88,– DM

249 **Ein Verfahren zur Analyse von Problemen der Ressourcenabstimmung auf Basis synergetischer Mustererkennung**
Von Stefan König ISBN 3-540-63226-3.
1997, 136 Seiten mit 43 Abbildungen. 88,– DM

250 **Ein objektorientiertes Modell zur Abbildung von Produktionsverbünden in Planungssystemen**
Von Hans-Peter Laubscher ISBN 3-540-63295-6.
1997, 158 Seiten mit 98 Abbildungen. 88,– DM

251 **Regelmechanismen für die Formsicherung im Automobilbau**
Von Franz Eberle ISBN 3-540-63325-1.
1997, 122 Seiten mit 53 Abbildungen und 22 Tabellen. 88,– DM

252 **Entwicklung von Datenmodellen für ein objektorientiertes Engineering Data Management System zur Unterstützung von teamorientierten Organisationsformen**
Von Frank Marcial ISBN 3-540-63340-5.
1997, 216 Seiten mit 76 Abbildungen und 26 Tabellen. 88,– DM

253 **Verfahren zur Konzeption automatischer reinraumtauglicher Fertigungsanlagen und -zellen**
Von Ralf Kaun ISBN 3-540-63447-9.
1997, 160 Seiten mit 88 Abbildungen. 88,– DM

254 **Ein Planungsverfahren zur Kapazitätsabstimmung für Modell-Mix-Montagelinien am Beispiel einer Automobil-Endmontage**
Von Norbert Leopold ISBN 3-540-63520-3.
1997, 130 Seiten mit 35 Abbildungen. 88,– DM

255 **Fertigung von Mischlosen in der Mikroelektronik auf der Basis eines Verfahrens zur Verfolgung von Einzelscheiben**
Von Olaf Herzog ISBN 3-540-63563-7.
1997, 124 Seiten mit 59 Abbildungen. 88,– DM

256 **Einsatz neuer Mensch-Maschine-Schnittstellen für Robotersimulation und -programmierung**
Von Jens-Günter Neugebauer ISBN 3-540-63568-8.
1997, 110 Seiten mit 48 Abbildungen. 88,– DM

257 **Entwicklung eines Systems zur virtuellen ergonomischen Arbeitsgestaltung**
Von Wilhelm H. Bauer ISBN 3-540-63707-9.
1997, 160 Seiten mit 77 Abbildungen und 13 Tabellen. 88,– DM

258 **Controlling eines projektorientierten Prozeßmanagements am Beispiel des Anlagenbaus**
Von Thomas Jörg Staiger ISBN 3-540-64082-7.
1998, 214 Seiten mit 106 Abbildungen und 11 Tabellen. 88,– DM

259 **Flexible Formprüfung umgeformter Blechteile**
Von Berend Oberdorfer ISBN 3-540-64121-1.
1998, 148 Seiten mit 69 Abbildungen. 88,– DM

260 **Effiziente Produktplanung mit Quality Function Deployment**
Von Christoph Mai ISBN 3-540-64145-9.
1998, 124 Seiten mit 57 Abbildungen. 88,– DM

261 **Einsatz der digitalen Grautonbildverarbeitung als ein Meßprinzip in der Lackiertechnik**
Von Sabine Renate Plischki ISBN 3-540-64270-6.
1998, 136 Seiten mit 67 Abbildungen und 9 Tabellen. 88,– DM

262 **Dynamische Zielfindung für das Total Quality Management**
Von Andreas Robeck ISBN 3-540-64271-4.
1998, 132 Seiten mit 61 Abbildungen. 88,– DM

263 **Methoden zur Planung zeit- und kostenoptimaler Produktion und Lagerhaltung**
Anwendung der Theorie optimaler Prozesse
Von Joachim Warschat ISBN 3-540-64272-2.
1998, 252 Seiten mit 61 Abbildungen. 88,– DM

264 **3D-Echtzeit-Rendering unter Berücksichtigung der Anatomie und Physiologie des menschlichen Auges**
Von Oliver H. Riedel ISBN 3-540-64273-0.
1998, 192 Seiten mit 54 Abbildungen und 26 Tabellen. 88,– DM

265 **Optische in situ Meßtechniken bei der Entwicklung und Anwendung von plasmaunterstützten Oberflächentechniken für räumlich ausgedehnte und komplexe Geometrien**
Von Peter Stratil ISBN 3-540-64400-8.
1998, 148 Seiten mit 96 Abbildungen und 14 Tabellen. 88,– DM

266 **Mit Industrierobotern flexibel automatisierte Montage von Türabdichtungen für Kraftfahrzeuge**
Von Gerald Vögele ISBN 3-540-64512-8.
1998, 92 Seiten mit 50 Abbildungen. 88,– DM

267 **Verfahren zur Gestaltung von Dienstleistungsunternehmen in einem Konfigurationsansatz**
Von Alexander W. Roos ISBN 3-540-64566-7.
1998, 260 Seiten mit 93 Abbildungen. 88,– DM

268 **Die Kombination von Plasmanitrierung und plasmagestützter Schichtabscheidung aus der Gasphase (PACVD) in einem Verfahrensablauf**
Von Oliver Morlok ISBN 3-540-64567-5.
1998, 134 Seiten mit 55 Abbildungen und 10 Tabellen. 88,– DM

Die Bände sind im Erscheinungsjahr und in den folgenden drei Kalenderjahren zu beziehen durch den örtlichen Buchhandel oder durch Lange & Springer, Otto-Suhr-Allee 25–28, 10585 Berlin.

GPSR Compliance

The European Union's (EU) General Product Safety Regulation (GPSR) is a set of rules that requires consumer products to be safe and our obligations to ensure this.

If you have any concerns about our products, you can contact us on ProductSafety@springernature.com

In case Publisher is established outside the EU, the EU authorized representative is:

Springer Nature Customer Service Center GmbH
Europaplatz 3
69115 Heidelberg, Germany

Batch number: 10620141

Printed by Printforce, the Netherlands